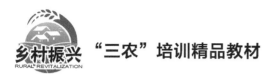

乡村振兴 RURAL REVITALIZATION "三农"培训精品教材

农作物重大病虫害防控技术

● 俞 刚 王海英 成春丽 主编

U0306376

中国农业科学技术出版社

图书在版编目（CIP）数据

农作物重大病虫害防控技术／俞刚，王海英，成春丽
主编 . --北京：中国农业科学技术出版社，2023.7（2024.11 重印）
　　ISBN 978-7-5116-6329-0

　　Ⅰ.①农…　Ⅱ.①俞…②王…③成…　Ⅲ.①作物-
病虫害防治-研究-中国　Ⅳ.①S435

中国国家版本馆 CIP 数据核字（2023）第 119269 号

责任编辑　姚　欢
责任校对　王　彦
责任印制　姜义伟　王思文

出 版 者　中国农业科学技术出版社
　　　　　北京市中关村南大街 12 号　　邮编：100081
电　　话　（010）82106631（编辑室）　（010）82109702（发行部）
　　　　　（010）82109709（读者服务部）
网　　址　https://castp.caas.cn
经 销 者　各地新华书店
印 刷 者　北京中科印刷有限公司
开　　本　140 mm×203 mm　1/32
印　　张　5.25
字　　数　130 千字
版　　次　2023 年 7 月第 1 版　2024 年 11 月第 2 次印刷
定　　价　34.80 元

《农作物重大病虫害防控技术》
编委会

主　编：俞　刚　　王海英　　成春丽

副主编：李爱杰　　郭又奇　　冯继安　　李爱科

　　　　阮旭辉　　雄东毕　　于　强　　徐　栋

　　　　李双龙　　李纯伟　　刘宪玉　　梅吉德

　　　　李世华　　田德龙　　孙斌斌　　高雪峰

前　　言

近年来，随着气候变化和环境污染的加剧，我国农作物病虫害问题越来越严重。农作物重大病虫害具有暴发突然、流行快速、为害严重、控制较难等特点，对我国国民经济，特别是农业生产常造成重大损失。重大病虫害的防控是国家总体安全的重要组成部分，对保障农业生产安全、农产品质量安全、农业生态安全具有重大的战略意义。

本书从我国农作物重大病虫害发生发展情况出发，参考近年来全国农业技术推广服务中心制定的一系列农作物重大病虫害防控技术方案，总结我国农作物病虫害防控的实践经验，编写而成。本书分为八章，分别为水稻重大病虫害防控技术、小麦重大病虫害防控技术、玉米重大病虫害防控技术、马铃薯重大病虫害防控技术、油菜重大病虫害防控技术、大豆重大病虫害防控技术、蔬菜重大病虫害防控技术、果树重大病虫害防控技术。书中涵盖了农作物生产中所能遇到的大多数重大病虫害，每种病虫害从为害症状、发生规律和防控措施等方面进行了介绍，对从事农业生产和农作物病虫害专业化防治从业人员开展农作物病虫害防治有很强的实用性和指导性。

由于时间紧迫，水平有限，书中不妥之处欢迎广大读者批评指正！

编　者

2023 年 5 月

目　　录

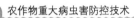

第一章　水稻重大病虫害防控技术

第一节　水稻病害

一、稻瘟病

（一）为害症状

稻瘟病是各地水稻普遍发生且对水稻生产影响最严重的病害之一，分布广，常常造成不同程度的减产，轻者减产 10%～20%，重者颗粒无收，还使稻米品质降低。播种带病种子可引起苗瘟，苗瘟多发生在三叶前，病苗基部灰黑色，上部变褐，卷缩而死，湿度大时病部产生灰黑色霉层。叶瘟多发生在分蘖至拔节期，慢性型病斑，开始叶片上产生暗绿色小斑，逐渐扩大为梭形斑，病斑中央灰白色、边缘褐色，病斑多时有的连片形成不规则大斑。常出现多种病斑如急性型病斑、白点型病斑、褐点型病斑等。节瘟多发生在抽穗以后，起初在稻节上产生褐色小点，后逐渐绕节扩展，使病部变黑，易折断。穗颈瘟多发生在抽穗后，初形成褐色小点，后扩展使穗颈部变褐色，也造成枯白穗。谷粒瘟多发生在开花后至籽粒形成阶段，产生褐色椭圆形或不规则病斑，可使稻谷变黑，有的颖壳无症状，护颖受害变褐，使种子带菌。

（二）发生规律

稻瘟病病原菌为稻梨孢，属半知菌亚门真菌，病菌以分生孢子或菌丝体在带病稻草或稻谷上越冬，翌年 7 月上旬，温度适宜时，病稻草上的病菌借气流传播到水稻叶片上引起发病。在病斑上产生大量的灰绿色霉层就是病原菌，靠风雨再传染到其他叶片、节、穗颈上，造成持续发病。水稻不同品种间抗病性差异较大，种植感病品种、插秧密度过大、施用氮肥过多过晚，都会导致发病加重。若 7 月中下旬阴雨连绵，雨日多，形成低温、高湿、光照少的田间小气候则有利于稻瘟病的发生。

（三）防控措施

1. 农业防治

选用抗病品种；及时清除带病植株根系残茬，减少菌源；合理密植，适量使用氮肥，浅水灌溉，使植株健壮生长，提高抗病能力。

2. 种子处理

种子处理主要包括晒种、选种、浸种消毒、催芽等。晒种：选择晴天晒种 1~2 天。选种：将晒过的种子用盐水或硫酸铵溶液选种。浸种消毒：浸种的温度最好是 12~14℃，时间在 8 天左右且积温保持在 80~100℃，浸好的种子稻壳颜色变深，呈半透明状，透过颖壳可以看到腹白和种胚，稻粒易掐断。催芽：将充分吸胀水分的种子进行催芽，采取高温破胸、适温长根、降温炼芽的原则，当芽长到 2 毫米时即可进行播种。

3. 药剂防治

最佳时间是在孕穗末期至抽穗进行施药，以控制叶瘟且严防节瘟、茎穗瘟为主，应及时喷药防治。前期可选择喷施 70% 甲基硫菌灵可湿性粉剂 100~140 克/亩、25% 多菌灵可湿性粉剂 200 克/亩等药剂，兑水 30 千克左右均匀喷雾。中期可选择喷施 20% 三环·多菌灵可湿性粉剂 100~140 克/亩、21% 咪唑·多菌灵可湿性粉剂 50~75 克/亩、50% 三环唑悬乳剂 80~100 毫升/亩、

40%稻瘟灵乳油 100～120 毫升/亩、25%咪酰胺乳油 40 毫升＋75%三环唑乳油 30～40 毫升/亩等农药、20%多·井·三环可湿性粉剂 100～120 克/亩，兑水 35 千克左右均匀喷雾。在孕穗末期至抽穗期，可选择喷施 20%咪酰·三环唑可湿性粉剂 45～65 克/亩、35%唑酮·乙蒜素乳油 75～100 毫升/亩、20%三唑酮·三环唑可湿性粉剂 100～150 克/亩、30%己唑·稻瘟灵乳油 60～80 毫升/亩、40%稻瘟灵可湿性粉剂 80～100 克/亩、50%异稻瘟净乳油 100～150 毫升/亩，兑水 40 千克喷雾于植株上部。

二、水稻纹枯病

（一）为害症状

水稻纹枯病是水稻主要病害之一，发生普遍。病害发生时，先在叶鞘近水面处产生暗绿色水渍状边缘模糊的小斑点，逐渐扩大呈椭圆形或云纹状，由下向上蔓延至上部叶鞘。病鞘因组织受破坏而使上面的叶片枯黄。在干燥时，病斑中央为灰褐色或灰绿色，边缘暗褐色。潮湿时，病斑上有许多白色蛛丝状菌丝体，逐渐形成白色绒球状菌块，最后变成暗褐色菌块，菌核容易脱落掉入土中。也能产生白色粉状霉层，即病菌的担孢子。叶片染病，病斑呈云纹状，边缘黄色，发病快时病斑呈污绿色，叶片很快腐烂，湿度大时，病部长出白色网状菌丝，后汇聚成白色菌丝团，最后形成蜂窝状菌核，菌核易脱落。该病严重为害时引起植株倒伏，千粒重下降，秕粒较多，或整株丛腐烂而死亡，或后期不能抽穗，导致绝收。

纹枯病以菌核在土壤中越冬，也能由菌丝或菌核在病稻草或杂草上越冬。水稻成熟收割时大量菌核落在田中，成为翌年或下季稻的主要初次侵染源。春耕插秧后漂浮水面或沉在水底的菌核都能萌发生长菌丝，从气孔处直接穿破表皮侵入稻株为害，在组织内部不断扩展，继续生长菌丝和菌核，进行再次侵染。长期淹灌深水或氮肥施用过多过迟，有利于该病菌入侵，而且也易倒伏，加重病害。

（二）发生规律

水稻纹枯病是真菌性病害，病菌的菌核在种植土壤、禾秆病部、杂草等环境中越冬，是形成病害的初步传染源。在春季进行耕种时，大多数成功越冬的菌核都会在水面上漂浮，然后附着在水稻植株上。当自然环境温度较为适宜时，菌核会不断萌发，形成菌丝，侵染水稻，使水稻发病，而在高温、高湿条件下，可导致水稻纹枯病流行性暴发。在水稻种植后，病害发生过早、过多、过重，是当前稻区普遍存在的现象。

（三）防控措施

1. 农业防治

水稻种植主要在于水稻品种选择，因为好的品种能够抗病原菌，减少病害发生概率。通过实践研究可知，当前籼稻植株蜡质保护层较厚，硅化物质较多，实际抗病性较好，粳稻次之，糯稻实际抗病性最差。在相同的种植环境中，早熟品种的抗病性较低，迟熟品种的抗病能力较好。

在水稻进行插秧之前需要及时捞出稻田水面上漂浮的菌核，全面减少菌源数。实际操作如下：通过放高水位（水位高度3.3~6.6厘米）耙田，使菌核漂浮在水面上，并停留一段时间之后，使漂浮在水面之上的枯枝、杂草、菌核等随风汇集到下风田角、田边之后，通过细纱网等相关工具及时捞出水面上漂浮的枯枝、杂草和菌核，然后将其烧毁，从而能够有效控制菌源数量，对前期发病进行有效调控。

培育壮秧、合理密植、插足基本苗，是实现水稻抗病、高产、优质的重要配套技术，也是对水稻纹枯病进行综合防治的有效措施。同时，种植户应施足基肥，合理追肥，增施磷、钾肥，不偏施氮肥，既可促进水稻生长、提高产量，又能提高水稻的抗逆、抗病能力。

2. 化学防治

水稻纹枯病在发病初期，病情发展较为缓慢，发病后期病情发展迅速，为了控制病情必须及时施药防治。在分蘖期，当发现病丛率达到 5%～10% 时即可开始用药防治。大胎孕穗期和抽穗期病情发展迅速，必须加强防治，控制病害发展，常规用药可选用井冈霉素粉剂、苯甲·丙环唑乳油、己唑醇悬浮剂等农药兑水喷雾，每次施药必须连续使用 2 次，第 1 次施药后隔 7 天左右再施第 2 次药，从而才能取得良好的防治效果。此外，施药时注意均匀周到，使足量的药液喷到植株中下部，提高防治效果。

三、稻曲病

（一）为害症状

水稻稻曲病是水稻生长后期穗部发生的一种真菌性病害，又称伪黑穗病、绿黑穗病、谷花病、青粉病，俗称"丰产果"。近年来在全国各地稻区普遍发生且逐年加重，已成为水稻主要病害之一。该病主要发生于水稻穗部，为害部分谷粒，轻则一穗中出现几颗病粒，重则多达数十粒，病穗率可高达 10% 以上。病粒比正常谷粒大 3～4 倍，整个病粒被菌丝块包围，颜色初呈橙黄，后转墨绿，后显粗糙龟裂，其上布满黑色粉状物。

（二）发生规律

多在水稻开花以后至乳熟期的穗部发生且主要分布在稻穗的中下部。感病后籽粒的千粒重、产量下降，秕谷、碎米增加，出米率、品质降低。该病菌含有对人、畜、禽有毒的物质，易对人体造成直接和间接的伤害。

（三）防控措施

1. 农业防治

选择抗病耐病品种；建立无病种子田，避免病田留种；收获后及时清除病残体、深耕翻埋菌核；发病时摘除并销毁病粒；改进施肥技术，基肥要足，慎用穗肥，采用配方施肥；浅水勤灌，后期见干见湿。

2. 种子处理

种子用包衣剂包衣，或用广谱性杀菌剂拌种，可用85%三氯异氟尿酸可湿性粉剂300~500倍液浸种12~24小时，捞出沥水洗净，催芽播种。也可用50%代森铵水剂500倍液浸种12~24小时，洗净药液后催芽播种。

3. 药剂防治

该病一般要求用药两次：第1次当全田1/3以上旗叶全部抽出，即俗称"大打包"时用药（出穗前5~7天左右），为此病的初侵染高峰期，这时防治效果最好；第2次在破口始穗期再用1次药，以巩固和提高防治效果。抽穗前每亩用18%多菌酮粉剂150~200克，或在水稻孕穗末期每亩用15%络氨铜水剂250克，或5%井冈霉素水剂100克，兑水50千克喷洒，施药时可加入三环唑或多菌灵兼防穗瘟；或每亩用40%多·酮可湿性粉剂60~75克，兑水60千克还可兼治水稻叶枯病、纹枯病等。孕穗期和始穗期各防治1次，效果良好。

四、穗腐病

水稻穗腐病是真菌性病害，是由气候、耕作栽培制度的改变，以及施肥量的增加、品种的变更等原因造成的，是近年来全国各稻区水稻后期普遍发生的一种穗部病害。

（一）为害症状

穗腐病主要发生在抽穗后期，可引起苗枯、茎腐、基腐；小穗受害后出现褐色水渍状病斑，逐渐蔓延至全穗使病穗枯黄，籽粒干瘪、霉烂。病穗与苞叶间充满白色菌丝体，籽粒间有时也产生灰白色菌丝体，在贮藏中还能继续发展使整穗干腐。

患病稻谷的谷壳上有紫色或褐色大小不一的点，米粒上面没有褐色线。穗腐病与穗枯病这两种病害有时难以区别，判别穗腐病一定要剥开谷壳观察米粒上是否有褐色线，没有则是穗腐病。

（二）发生规律

病原菌以镰刀菌为主要初侵染源。穗腐病的发生、为害、流行规律，与气候条件、品种类型、耕作栽培制度、肥水管理（偏施过施或迟施氮肥）、植株贪青成熟延迟的关系十分密切。

（三）防控措施

1. 种子消毒

方法同稻瘟病。

2. 农业防治

处理田间瘪谷，最好烧作灰肥以减少病菌来源。

加强肥水管理，避免偏施、过施、迟施氮肥，增施磷、钾肥。适时适度露晒田使植株转色正常、稳健生长，以增强根系活力防止倒伏。

3. 药剂防治

结合防穗颈瘟抓好抽穗期前后喷药预防。在历年发病的地区或田块，在始穗和齐穗期各喷药 1 次，必要时在灌浆乳熟前加喷 1 次。另外根据天气预报掌握抽穗前风雨到来前或后喷药 1 次，可减轻发病。

药剂选择：可选用 50% 多菌灵可湿性粉剂、70% 甲基硫菌灵可湿性粉剂、45% 咪鲜胺水乳剂、80% 代森锰锌可湿性粉剂、20% 三唑酮乳油，以及春雷霉素、噻菌灵等。复配剂中可选用三唑酮+苯甲·丙环唑或戊唑醇+丙森锌。另外，三环唑+三唑酮、三环唑+多菌灵、三环唑+苯甲·丙环唑或三环唑+甲基硫菌灵的防效也不错。目前尚无专用药剂防治穗腐病。

五、水稻白叶枯病

(一) 为害症状

水稻白叶枯病是水稻中、后期的重要病害之一，发病轻重及对水稻影响的大小与发病早迟有关，抽穗前发病对产量影响较大。该病主要有叶缘枯萎型、急性凋萎型和褐斑褐变型。

1. 叶缘枯萎型

先从叶尖或叶缘开始，先出现暗绿色水浸状线状斑，很快沿线状斑形成黄白色病斑，然后病斑从叶尖或叶缘开始发生黄褐色或暗绿色短条斑，沿叶脉上、下扩展，病、健交界处有时呈波纹状，以后叶片变为灰白色或黄色而枯死。

2. 急性凋萎型

一般发生在苗期至分蘖期（秧苗移栽后 1 个月左右），病菌从根系或茎基部伤口侵入微管束时易发病，病叶多在心叶下 1~2 叶处，迅速失水、青卷，最后全株枯萎死亡，或造成枯心，其他叶片相继青萎。病株的主蘖和分蘖均可发病直至枯死，引起稻田大量死苗、缺丛。

3. 褐斑褐变型

病菌通过伤口或剪叶侵入，在气温低或不利于发病条件下，病斑外围出现褐色坏死反应带，为害严重时田间一片枯黄。

(二) 发生规律

水稻白叶枯病菌主要在稻种、稻草、稻桩的附近土壤中越冬。播种病稻种，病菌可通过幼苗的根和芽鞘侵入。病稻草和病稻桩上的病菌，遇到雨水就渗入水流中，秧苗接触带菌水，病菌从水孔、伤口侵入稻体。用病稻草催芽、覆盖秧苗、扎秧把等有利病害传播。水稻秧田期由于温度低，菌量较少，一般看不到症状，直到孕穗前后才暴发出来。病斑上的溢脓，可借风、雨、露水和叶片接触等进行再侵染。病菌经寄主水孔和伤口入侵致病。高温多雨、洪涝频繁最有利病害发生流行；肥水管理不当，偏施氮肥，深水灌溉、串灌、漫灌或稻田受涝，均易诱发病害流行，较易感病。

（三）防控措施

1. 农业防治

选择抗病、耐病优良品种；合理施用氮肥，合理密植，防止稻田淹水是防病关键；及时清理病残体并施腐熟有机肥，铲除田边地头病菌寄生性杂草。

2. 种子处理

用包衣剂包衣种子，或用温汤浸种，用广谱性杀菌剂拌种。

3. 药剂防治

可选用 3%中生菌素可湿性粉剂 60 克/亩、20%叶枯唑可湿性粉剂 100 克/亩、50%氯溴异氰尿酸水溶性粉剂 60 克/亩、兑水 50～60 千克均匀喷雾。也可选用 20%噻森铜悬浮剂 300～500 倍液、40%三氯异氰尿酸可湿性粉剂 2 500 倍液、20%喹菌酮可湿性粉剂 1 000～1 500 倍液、77%氢氧化铜悬浮剂 600～800 倍液，每亩用量 50～60 千克均匀喷洒，间隔 7～10 天，交替用药连续喷施 2～3 次防治效果更佳。

六、南方水稻黑条矮缩病

南方水稻黑条矮缩病，俗称矮稻、矮子禾，是一种水稻病毒性病害，具有突发性强、扩散蔓延快、产量损失大的特点。病原为水稻黑条矮缩病毒。

（一）为害症状

水稻苗期、分蘖前期感染发病后可导致绝收，拔节期和孕穗期发病损失达 10%~30%。主要症状表现为：发病植株明显矮缩，叶面有凹凸不平的皱褶，茎节有不定根及高节位分枝，茎秆表面有白色瘤状突起，后期变褐黑色，发病禾苗根系褐色、不发达。

（二）发生规律

水稻感病期主要在分蘖以前的苗期（秧苗期和本田初期），拔节以后不易感病。最易感病期为秧苗的 2~6 叶期。同时，媒介昆虫可传播病毒。

（三）防控措施

1. 农业防治

在早稻收获后，及时焚烧发病稻草，并清除干净稻田里的杂草。晚稻秧田应尽量选择远离重病田的田块，提倡秧田集中连片培育秧苗。不要将有病秧苗运到无病区。提倡更换品种，合理施肥，适当增施磷、钾肥，加强肥水管理。南方水稻黑条矮缩病重发地区，应适当加大播种量，合理密植，或预留备用苗。对发病秧田，要及时剔除病株。

2. 种子处理

用 25% 吡蚜酮可湿性粉剂 1 000 倍液浸种 6~10 小时，或播种前 3~5 小时用 25% 吡蚜酮可湿性粉剂 2 克与少量细土拌匀，再均匀拌种 1 千克，或用 10% 吡虫啉可湿性粉剂 300~500 倍液浸种 8~10 小时，或用 2.5% 咪鲜·吡虫啉悬浮种衣剂按药种比为 1∶（40~50）进行包衣。

3. 防治稻飞虱

喷洒"送嫁药"，秧苗插前 3~5 天喷施 20% 盐酸吗啉胍可湿性粉剂 50~60 克/亩+20% 吡蚜酮可湿性粉剂 20 克/亩，或 25% 噻嗪酮可湿性粉剂 40~60 克/亩、10% 醚菊酯悬浮剂 30~80 毫升/亩，加入 3% 植物激活蛋白 30 克/亩（或宁南霉素等抗病毒病）及叶面肥，兑水 30~45 千克均匀喷雾。

本田初期防治灰飞虱，秧苗移栽后 10 天左右，每亩用 25% 吡蚜酮可湿性粉剂 16~24 克，或 10% 吡虫啉可湿性粉剂 40~60 克，或 25% 噻嗪酮可湿性粉剂 50 克等，兑水 40~50 千克均匀喷雾。

对大田分蘖期丛发病率 2% 以下的田块，直接将病株（丛）踩入泥中，发病率 2%~20% 的田块，及时拔除病株（丛），并就地踩入泥中深埋，然后从健丛中掰蘖补苗，同时要加强肥水管理，促进早发，保证有效分蘖数量及有效穗数。

4. 药剂防治

对已经发病的田块，发病初期每亩用 2% 宁南霉素水剂 45~60 毫升，或 3% 氨基寡糖素水剂 50~75 毫升，兑水 30~45 千克喷雾。

七、水稻细菌性基腐病

水稻细菌性基腐病主要为害水稻根节部和茎基部，病原为菊欧文氏菌玉米致病变种，属细菌性病害。

（一）为害症状

水稻细菌性基腐病在水稻整个生长期均可发生，病菌在种子萌芽过程中侵入，可造成烂种、烂芽。分蘖至灌浆期发病，典型植株茎基部变黑腐烂，并伴有恶臭味，剖开病茎可见内壁呈湿腐状，手触有黏稠感。随着病情的加重，病株根颈处易折断。发病较轻时，田间病株呈零星分布，在同一稻丛中常与健株混生。水稻分蘖期发病，病株先表现为心叶青卷，随后逐渐枯黄，外观似螟虫为害导致的枯心苗。暴雨或淹水田块往往突然暴发造成全田发病，大量死苗。圆秆拔节期病株叶片自下而上逐渐变黄，叶鞘近水面处有边缘褐色、中间青灰色的长条形病斑。孕穗期以后发病，常表现为急性青枯死苗现象，病株先失水青枯，形成枯孕穗、半枯穗和枯穗，有的病株基部以上 2~3 个茎节也同时变成黑褐色，并生有少量倒生根。

（二）发生规律

一般在水稻分蘖期至灌浆期发生，但有两个发病高峰：一是移栽返青期，二是抽穗灌浆期。水稻移栽后 2 周开始发病，多造成僵苗不发或死苗，死苗有"枯心死"和"剥皮烂"两种类型。尚无特别有效的药剂加以防治。

（三）防控措施

1. 农业防治

（1）选用抗病品种。各地应根据自己的情况选出适合本地的高产抗病品种。

（2）种子处理。用 40%三氯异氰尿酸可湿性粉剂浸种。稻种先用清水浸 24 小时后滤水晾干，再用 300 倍药液浸种，早稻浸 24 小时，晚稻浸 12 小时，捞出用清水冲洗净，早稻再用清水浸 12 小时（晚稻不浸），捞出催芽、播种。

用 80%乙蒜素（抗菌素"402"）2 000 倍液浸种 48 小时，捞出催芽、播种。

用 50%代森铵水剂 50 倍液浸种 2 小时，捞出催芽、播种。

用 10%叶枯净水剂 2 000 倍液浸种 24~48 小时，捞出催芽、播种。

用 12%松脂酸铜乳油水稻专用型 50~80 毫升兑水 50 千克浸种，先将稻种在药液中浸泡 24 小时，再用清水浸泡，然后催芽播种。

（3）加强栽培管理，培育壮秧。移栽时，防止病苗、弱苗、嫩苗移入大田。插秧前，整地要力求平整；插秧后，避免深灌和局部低洼处积水。采用旱育秧的方式培育壮秧，减少拔秧时的机械损伤。采用小苗抛栽、机插秧等小苗移栽方式，有利于减轻病害的发生。增施钾肥，每亩施氯化钾 7.5～10.0 千克，或新鲜草木灰 75 千克，同时避免偏施、迟施氮肥。促进稻株健壮生长，减少基腐病发生。

（4）加强水浆管理。做到"深水活苑，浅水分蘖，晒田壮秆，干湿到老"，既要避免"一水到底"，又不能断水过早。洪水退后，应立即排水，撒施石灰、草木灰，控制病害扩展，促进稻根再生。当新根出现时，抓紧追施速效氮肥，促进稻株恢复生长，以减少损失。晚稻乳熟期要特别注意天气状况，一旦有台风或暴雨，应立即在大风前浅灌水，防止病株失水青枯，以减轻病害。

2. 药剂防治

水稻细菌性基腐病应以预防为主，一定要在水稻发病前用药，否则将影响防治效果。在移栽前、分蘖期、抽穗前期各施药 1 次，效果更好。

秧田期发病，每亩用 20% 叶枯唑可湿性粉剂 100 克，兑水 70 升，在秧苗 3 叶期和移栽前 5～7 天各喷雾防治 1 次。

在大田，每亩可选用 20% 叶枯唑可湿性粉剂 100 克、90% 克菌壮可溶性粉剂 75 克、20% 乙蒜素高渗乳油 75～100 毫升、36% 三氯异氰尿酸可湿性粉剂 60～80 克、20% 噻唑锌悬浮剂 100～125 毫升、20% 噻森铜悬浮剂 120～200 毫升或 77% 氢氧化铜可湿性粉剂 120 克，兑水 50～60 升，在秧田或大田发病始期喷药防治。或用 23% 嘧菌·噻霉酮悬浮剂 600 倍液喷雾防治，宜 5 天左右喷施 1 次，视病情程度施药 2～3 次。

八、水稻干尖线虫病

水稻干尖线虫病又称白尖病、干尖病、线虫枯死病。

（一）为害症状

苗期症状不明显，偶在 4~5 片真叶时出现叶尖灰白色干枯，扭曲干尖。病株孕穗后干尖更严重，在孕穗期剑叶或上部 2、3 叶尖端 1~8 厘米处逐渐枯死，呈黄褐色或褐色，略透明，与健部有明显褐色分界纹。

（二）发生规律

以成虫、幼虫在谷粒颖壳中越冬，干燥条件可存活 3 年，浸水条件能存活 30 天。浸种时，种子内线虫复苏，游于水中，遇幼芽从芽鞘缝钻入，附于生长点、叶芽及新生嫩叶尖端的细胞外，以吻针刺入细胞吸食汁液，致被害叶形成干尖。线虫在稻株体内生长发育并交配繁殖，随稻株生长，侵入穗原基。孕穗期集中在幼穗颖壳内外，造成穗粒带虫。线虫在稻株内繁殖 1~2 代。秧田期和本田初期靠灌溉水传播，扩大为害。土壤不能传病。随稻种调运进行远距离传播。

（三）防控措施

水稻干尖线虫病一旦发生难以防治，在加强检疫、严格禁止从病区调运种子的基础上，最好的防治办法是药剂浸种。

1. 温汤浸种

先将稻谷放在冷水中浸 24 小时，然后放入 45~47℃温水中预浸 5 分钟，再转入 52~54℃温水中浸 10 分钟，取出用清水冷却后浸种催芽。也可直接用 55~61℃温水处理稻种 15 分钟。

2. 盐酸液浸种

用工业盐酸 0.3 千克或化学试剂盐酸 0.25 千克，兑水 50 千克，浸种 72 小时，取出后用水冲洗，催芽浸种，溶液可连续使用 5 次。

3. 石灰水浸种

取 0.5 千克优质生石灰兑水 50 千克，搅拌后滤去石渣，倒入 30 千克稻种，水面高出种子 15~20 厘米。日平均温度 15℃时浸 72 小时，日平均温度 20℃时浸 48 小时。浸种期间不要弄破水面的结晶膜，浸种后先用清水淘洗后再催芽。

4. 药剂浸种

先用少量水将 1.5%二硫氰基甲烷药粉搅成糊状，然后按每 10 克兑水 7 千克，搅匀配成 700~800 倍液，然后浸入种子 5 千克，浸种后直接催芽，早稻浸种时间不得少于 72 小时，晚稻浸种不得少于 48 小时。该药对水稻恶苗病和干尖线虫病均有效。

16%咪鲜·杀螟丹可湿性粉剂或 17%杀螟·乙蒜素可湿性粉剂 15 克，兑水 6 千克配制成 400 倍水溶液，浸种 8~10 千克，日平均温度 18~20℃时浸种 60 小时，日平均温度 23~25℃时浸种 48 小时，对线虫的杀死率可达 100%。

4.2%二硫氰基甲烷乳油 2 毫升加水配成 5 000~7 000 倍液，浸种 6~7 千克，浸泡 24~48 小时。在用二硫氰基甲烷浸种过程中，要避免光照，应勤搅动。南方地区因温度较高，可适当缩短浸种时间。

用 10%乙蒜素 1 000 倍液浸种 48 小时，或用 80%乙蒜素 5 000 倍液浸种 48 小时。如消毒时种子未吸足水，可洗净后再用清水浸种。

用 80%敌敌畏乳油或 50%杀螟硫磷乳剂 1 000 倍液浸种 24~48 小时，捞出催芽、播种。

第二节　水稻虫害

一、稻飞虱

稻飞虱是远距离迁飞性害虫，具有突发、暴发和大范围为害的特点，随强对流天气迁入。稻飞虱主要有灰飞虱、白背飞虱和褐飞虱。

（一）为害症状

该虫以成虫、若虫群集于稻株下部刺吸汁液，影响稻株水分和养分的运输，并有利于病菌的侵染，严重时可使稻株黄萎倒伏，被害稻田出现"黄塘""穿顶""虱烧"，逐渐扩大成片，甚至全田枯死，导致严重减产，甚至绝收。

（二）发生规律

稻飞虱具有迁飞性，春夏从南向北迁飞，也有本地稻飞虱（短翅型褐飞虱）。适宜在 20～30℃温度下生长发育，偏施氮肥、种植密度过大、较阴湿的田块容易发生重。白背飞虱、长翅型褐飞虱成虫具有趋光性。短翅型褐飞虱虫量多，预示着褐飞虱可能会暴发成灾。另外，三唑磷、拟除虫菊酯类杀虫剂对褐飞虱具有刺激生殖作用，不合理使用容易造成稻飞虱暴发。

（三）防控措施

加强田间肥水管理，防止后期贪青徒长，适当烤田，降低田间湿度；必要时喷洒5%吡虫啉乳油18～24克/亩、20%烯啶虫胺可溶液剂20～30毫升/亩等药剂。

二、稻纵卷叶螟

（一）为害症状

稻纵卷叶螟是水稻田常见的广谱性害虫之一，我国各稻区均有发生。以幼虫缀丝纵卷水稻叶片成虫苞，叶肉被螟虫食后形成白色条斑，严重时连片造成白叶，幼虫稍大便可在水稻心叶吐丝，把叶片两边卷成管状虫苞，虫子躲在苞内取食叶肉和上表皮，抽穗后，至较嫩的叶鞘内为害。不同品种间受害程度差异显著。

（二）发生规律

成虫有趋光性、栖息趋隐蔽性和产卵趋嫩性，且能长距离迁飞。成虫羽化后2天选择生长茂密的稻田产卵，产卵位置因水稻生育期而异，卵多产在叶片中脉附近。适温高湿产卵量大，一般每雌产卵40~70粒，最多150粒以上；卵多单产，也有2~5粒产于一起。气温22~28℃、相对湿度80%以上，卵孵化率可达80%以上。1龄幼虫在分蘖期爬入心叶或嫩叶鞘内侧啃食，在孕穗抽穗期，则爬至老虫苞或嫩叶鞘内侧啃食。2龄幼虫可将叶尖卷成小虫苞，然后吐丝纵卷稻叶形成新的虫苞，幼虫潜藏虫苞内啃食。幼虫蜕皮前，转移至新叶重新结苞。4~5龄幼虫食量占总取食量95%左右，为害最大。老熟幼虫在稻丛基部的黄叶或无效分蘖的嫩叶苞中化蛹，有的在稻丛间，少数在老虫苞中。

　　该虫喜欢生长嫩绿、湿度大的稻田。适温高湿情况下，有利于成虫产卵、孵化和幼虫成活，因此，多雨日及多露水的高湿天气有利于稻纵卷叶螟发生。多施氮肥、迟施氮肥的稻田发生量大，为害重。水稻叶片窄、生长挺立（田间通风透光好）、叶面多毛的品种不利于稻纵卷叶螟发生；水稻叶片宽、生长披垂（田间通风透光差）、叶面少毛的品种有利于稻纵卷叶螟发生。若遇冬季气温偏高，其越冬地界北移，翌年发生早；夏季多台风，则随气流迁飞机会增多，发生会加重。

　　（三）防控措施

　　1. 农业防治

　　合理密植，科学施肥，注意不要偏施氮肥和过晚施氮肥，防止徒长。

　　2. 药剂防治

　　在水稻孕穗期或幼虫孵化高峰期至低龄幼虫期是防治关键时期，每百丛水稻有初卷小虫苞15~20个，或穗期每百丛有虫20头时施药。用15%三唑酮可湿性粉剂800~1 000倍液+90%敌百虫1 000~1 500倍液喷雾，每亩按50~60千克常规喷雾或超低量喷雾，可有效防治稻纵卷叶螟、稻苞虫，还可兼治稻纹枯病、稻曲病、稻粒黑粉病等多种穗期病害。应掌握在幼虫 2 龄期前防治效果最好。一般每亩选用 40%氯虫·噻虫嗪水分散粒剂 8~10克、31%唑磷·氟啶脲乳油 60~70 毫升、3%阿维·氟铃脲可湿性粉剂 50~60 克、10.2%甲维·三唑磷乳油 100~120 毫升、18%杀虫双水剂 150~200 毫升、50%杀螟硫磷乳油 60 毫升，兑水 50~60 千克常规喷雾，或兑水 5.0~7.5 千克低量喷雾。

三、黏虫

黏虫属鳞翅目夜蛾科，俗称剃枝虫、粟夜盗虫、五彩虫、麦蚕等。各地均有发生。主要为害玉米、小麦、水稻、高粱以及谷子等禾本科作物。

（一）为害症状

水稻黏虫是多发型害虫，黏虫幼虫白天多潜伏在稻丛基部或稻田土壤缝隙中，夜晚或阴天出来为害，主要以幼虫咬食水稻叶片，1~2 龄幼虫仅食叶肉形成小孔，3 龄后才形成缺刻，5~6 龄达暴食期，严重时将叶片吃光，乳熟期、黄熟期咬断小枝梗，往往 1~2 天就落粒满田，造成严重减产，甚至绝收。

（二）发生规律

每年发生 3~7 代，以蛹在土中越冬。幼虫发育以 25~28℃和相对湿度 75%~90%最为适宜。在北方，湿度对其影响更为明显，月降水量大于 100 毫米、相对湿度 70%以上，为害严重。

（三）防控措施

冬季和早春结合施积肥，彻底铲除田埂、田边杂草；设置杀虫灯或糖醋酒液诱杀成虫；低龄幼虫期喷药防治，药剂可选用灭幼脲、毒死蜱等。

四、二化螟

二化螟属鳞翅目螟蛾科，俗称钻心虫，是我国水稻上为害最为严重的常发性害虫。

（一）为害症状

以幼虫钻蛀稻秆为害，水稻在不同的生长期均可受害，形成不同的被害症状。叶鞘受害形成枯鞘，分蘖期受害形成枯心苗，孕穗期受害使稻穗不能抽出形成枯孕穗，抽穗期受害形成白穗，乳熟期以后受害形成虫伤株，对水稻产量影响较大的是枯心苗和白穗。

（二）发生规律

1年发生1~5代。春季越冬幼虫在气温10℃左右开始出蛰，幼虫活动最适温度为15~22℃。蛹期的最适温度为20~30℃。成虫在18~23℃条件下交尾产卵。根据观察和饲养，二化螟适合在湿度较大的环境中生活。幼虫可短时间在水上漂浮，化蛹后，如最高气温达34℃，则由于水分不足稻秆枯燥，蛹干瘪死亡，死亡率达30.8%。

（三）防控措施

1. 农业防治

主要采取消灭越冬虫源、灌水灭虫和避害、利用抗虫品种等措施。

冬闲田在冬季或翌年早春3月底以前翻耕灌水，及早处理含虫稻草，可把基部10~15厘米先切除烧毁。将含二化螟多的稻草，以及田间杂草、茭白遗株、玉米秸秆等及时清除，以消灭越冬虫源。对含有二化螟的早稻稻草，应及时挑到远离稻田的空地上暴晒杀虫，防止幼虫迁移转入晚稻田为害或顺利化蛹羽化。免耕田要实行齐泥割稻，避免高茬高桩。田间一旦发现被害株应及时拔除，如苗期至分蘖期拔除枯心苗、枯鞘株，抽穗期拔除枯孕穗、白穗，此法不但可以减少虫量，而且可以防止幼虫转株为害。

合理安排冬作物，晚熟小麦、大麦、油菜、留种绿肥要注意安排在虫源少的晚稻田中，可减少越冬害虫的基数。

因地制宜地调整耕作制度，尽量减少单季稻种植面积，规范播种日期，一季稻要集中连片种植，避免单、双季稻混栽，减少桥梁田，可以有效降低虫口数量。不能避免时，单季稻田提早翻耕灌水，降低越冬代数量；双季早稻收割后及时翻耕灌水，防止幼虫转移为害。在保证安全齐穗的前提下，单季稻区可适度推迟播种期，使其生长发育进度接近双季晚稻，这样既有利于防治，也便于集中消灭迁入虫源。

灌水灭蛹，6月中旬和8月下旬是1、3代二化螟化蛹始盛期，二化螟多在水面不高的稻叶鞘及茎秆中化蛹，选择这时排干田中水，以降低二化螟化蛹部位，待到化蛹高峰时，再灌深水15~20厘米淹没3~4天，可杀死大部分预蛹和蛹。

2. 频振式杀虫灯诱杀

安装频振式杀虫灯诱杀成虫效果较好，可有效减少下代虫源。一盏灯可控制60亩水稻，降低落卵量70%左右，在4月中旬装灯，并挂上接虫袋，每日傍晚开灯，次日清晨关灯，9月底撤灯。

3. 性诱剂诱杀

使用性诱剂（条、棒）诱杀是利用昆虫性信息素诱杀雄成虫，要保持水盆诱捕器的盆口高度始终高出稻株20厘米，诱芯离水面0.5~1.0厘米，水中加入0.3%洗衣粉，在盆口边沿下2厘米处挖1对小孔以控制水位，每天清晨捞出盆中死蛾，傍晚加水至水位控制口，每10天更换一次盆中清水和洗衣粉，每20~

30 天更换一次诱芯。

4. 生物防治

利用二化螟的天敌二化螟绒茧蜂来寄生幼虫，或使用苏云金杆菌复配剂来防治二化螟幼虫等。

5. 化学防治

可以采用20%氯虫苯甲酰胺悬浮剂10毫升（或48%毒死蜱乳油40毫升）+20%氯虫苯甲酰胺悬浮剂7.5毫升（或5%阿维菌素乳油20毫升），分别在二化螟一代卵孵化高峰期（6月20日左右）和二化螟二代卵孵化高峰期（8月1日左右）进行喷雾，每亩喷液量45千克。一般要求施药后保水5~7天，水深根据植株长势保持在3~4厘米。

要根据不同地区、不同代次因地制宜地选择药剂，尽量减少用药次数和用量，做到轮换用药，减缓抗药性，选择低毒和生物农药。防治二代二化螟，大水泼浇和粗喷雾的施药方式优于细喷雾和弥雾。

五、三化螟

三化螟属鳞翅目螟蛾科，别名钻心虫，是长江流域及以南水稻主产区最为重要的常发害虫，食性单一，仅为害水稻或野生稻。

（一）为害症状

幼虫钻蛀稻茎为害，在水稻分蘖时出现枯心苗，孕穗期、抽穗期形成枯孕穗或白穗、虫伤株及相应的枯心团、白穗群，没有二化螟那样的枯鞘。严重时颗粒无收。

（二）发生规律

三化螟因在江浙一带每年发生3代而得名，但在广东等地可发生5代。以老熟幼虫在稻桩内越冬，春季气温达16℃时，化蛹羽化飞往稻田产卵。在安徽每年发生 3~4 代，各代幼虫发生期和为害情况大致为：第一代在 6 月上中旬，为害早稻和早中稻造成枯心；第二代在 7 月为害单季晚稻和迟中稻造成枯心，为害早稻和早中稻造成白穗；第三代在 8 月上中旬至 9 月上旬为害双季晚稻造成枯心，为害迟中稻和单季晚稻造成白穗；第四代在 9—10 月，为害双季晚稻造成白穗。

(三) 防控措施

1. 农业防治

适当调整水稻布局，连片种植，在同一地区种植同一品种，使水稻生育期相对一致，既可缩短螟虫有效盛发时间，又可切断三化螟由第二代向第三代的过渡桥梁。及时春耕沤田，处理好稻茬，减少越冬虫口。调节播栽期，使易遭三化螟为害的生育阶段与三化螟盛孵期错开，可减轻受害。

2. 物理防治

安装频振式杀虫灯诱杀成虫效果较好，可有效减少下代虫源。

3. 化学防治

防治枯心，掌握在三化螟孵化高峰期；防治白穗，掌握在卵的盛孵期和破口吐穗期。坚持早破口早用药、晚破口迟用药的原则。如三化螟发生量大，三化螟的孵化期长或寄主孕穗、抽穗期长，应在第一次药后隔 5~7 天再施 1 次。兑水量越大防效越好，泼浇和喷粗雾的防效较理想，尤其是在水稻后期施药时，常规喷雾每亩兑水量不能低于 60 升，不宜使用弥雾机。

在幼虫孵化始盛期，每亩可选用 80% 吡虫啉·杀虫单可湿性粉剂 40.0~62.5 克、15% 杀虫单·三唑磷乳油 200~250 毫升、25% 吡虫·三唑磷乳油 100~120 毫升、70% 噻嗪·杀虫单可湿性粉剂 55~70 克、1% 甲氨基阿维菌素苯甲酸盐（甲维盐）乳油

10~20毫升、18%杀虫双水剂250~300毫升、90%杀虫单可溶性粉剂50~60克、50%杀虫环可溶性粉剂50~100克，兑水50千克，均匀喷雾。

在水稻破口期，2~3龄幼虫期，每亩可选用55%杀虫单·苏云金杆菌可湿性粉剂80~100克、200克/升氯虫苯甲酰胺悬浮剂5~10毫升、20%甲维盐·杀虫单微乳剂15~20毫升、40%稻丰·三唑磷乳油40~60毫升、30%辛硫·三唑磷乳油70~90毫升、40%丙溴·辛硫磷乳油100~120毫升、50%三唑磷·敌百虫乳油100~120毫升、20%三唑磷乳油100~150毫升、50%杀螟丹可溶性粉剂80~100克，兑水50千克，均匀喷雾，当虫口密度较大时，应连续喷药2次，间隔5~7天。

六、大螟

大螟别名稻蛀茎夜蛾、紫螟。该虫最初仅在稻田周边零星发生，随着耕作制度的变化，尤其是推广杂交稻以后，发生程度显著上升，近年来在我国部分地区更有超过三化螟的趋势，成为水稻常发性害虫之一。

（一）为害症状

大螟为害症状与二化螟相似，以幼虫蛀入稻茎为害，可造成枯鞘、枯心苗、枯孕穗、白穗及虫伤株。大螟为害的蛀孔较大，虫粪多，有大量虫粪排出茎外，受害稻茎的叶片、叶鞘部都变为黄色，有别于二化螟。大螟造成的枯心苗田边较多，田中间较少，有别于二化螟、三化螟为害造成的枯心苗。

（二）发生规律

一年发生2~5代，以幼虫在稻茬、杂草根间、玉米、高粱及茭白等残体内越冬。翌春老熟幼虫在气温高于10℃时开始化蛹，15℃时羽化，越冬代成虫把卵产在春玉米或田边看麦娘等杂草叶鞘内侧，幼虫孵化后再转移到邻近边行水稻上蛀入叶鞘内取食，蛀入处可见红褐色锈斑块。3龄前常多头群集在一起，把叶鞘内层吃光，后钻进心叶造成枯心。3龄后分散，为害田边2~3墩稻苗，蛀孔距水面10~30厘米，老熟时在叶鞘处化蛹。成虫趋光性不强，飞翔力弱，常栖息在株间。每只雌虫可产卵约240粒，卵历期1代为12天左右，2、3代5~6天；幼虫期1代约30天，2代28天左右，3代32天左右；蛹期10~15天。一般田边比田中产卵多，为害重。稻田附近种植玉米、茭白等作物的地区大螟为害比较严重。

（三）防控措施

1. 农业防治

冬春期间铲除田边杂草，消灭其中的越冬幼虫和蛹；早稻收割后及时翻耕沤田；春玉米收获后及时清除遗株，消灭其中幼虫和蛹；有茭白的地区，应在早春前齐泥割去残株。

2. 化学防治

根据"狠治一代，重点防治稻田边行"的防治策略，当枯鞘率达5%，或始见枯心苗为害状时，在幼虫1~2龄阶段，及时喷药防治。每亩选用18%杀虫双水剂250毫升，或50%杀螟丹可溶性粉剂80~120克等药剂，兑水50千克喷雾。

七、稻叶蝉

稻叶蝉，是为害水稻的叶蝉类昆虫的统称。

（一）为害症状

成虫、若虫均以针状口器刺吸稻株汁液，在取食和产卵的同时也刺伤了水稻茎叶，破坏其输导组织，轻的使稻株叶鞘、茎秆基部呈现许多棕褐色斑点，严重时褐斑连片，全株枯黄，甚至成片枯死，形似火烧。在水稻抽穗、灌浆时期，成虫、若虫群集在水稻穗部取食，形成白穗或半枯穗。通常情况下，黑尾叶蝉吸食为害往往不及其传播水稻病毒病的为害严重，传播的病害有水稻普通矮缩病、黄矮病、黄萎病、簇矮病、瘤矮病和东格鲁病毒病等多种，被传毒的稻株表现为病毒病症状。

（二）发生规律

水稻叶蝉中以黑尾叶蝉和白翅叶蝉发生最普遍，为害最重。黑尾叶蝉在我国各稻区均有分布，白翅叶蝉主要分布在长江以南稻区。黑尾叶蝉在我国一年发生 2~8 代，以若虫和少量成虫在绿肥田、田埂、沟边的禾本科杂草上越冬。世代重叠明显，田间为害高峰期在 7—8 月。成虫白天多在稻株中下部，早晚可到稻株上部叶片上取食。性活泼，能飞善跳，晴天时甚为活跃，低温、阴雨及大风时，则栖息于稻茎基部。受到惊动时，横行斜走或飞走。趋光性强，天气闷热的黑夜可大量扑灯，有趋嫩绿习性，生长嫩绿的 2~3 叶期稻苗和本田返青期为成虫大量迁入期，也是病毒传播的关键时期。在稻田内，发生初期以田边虫口密度较大，随后由田边向田中扩散蔓延。黑尾叶蝉发生的最适气温为 28℃ 左右，适宜的田间相对湿度为 75%~90%。

（三）防控措施

1. 农业防治

种植抗病品种；因地制宜，改革耕作制度，尽量避免混栽，减少桥梁田。加强肥水管理，提高稻苗健壮度，防止稻苗贪青徒长；放鸭啄食害虫。

2. 保护利用天敌

结合耕作栽培为天敌留下栖息场所，保护它们从前茬作物过渡到后茬作物，田埂种豆或留草皮，收种期间不搞"三面光"，为蜘蛛等天敌留下栖息场所。注意合理使用农药，不用对天敌杀伤力大的农药品种。

3. 物理防治

利用该虫的强趋光性，在盛发期采用灯光诱杀。

4. 化学防治

根据治虫防病的要求，治秧田保大田，治前期保后期；结合防治稻蓟马、稻纵卷叶螟等稻虫，做好总体药剂防治。

（1）两查两定。一查成虫迁飞和若虫发生情况，定防治适期。绿肥田翻耕灌水期为早稻秧田药剂防治适期；早稻成熟旺收期，为晚稻秧田防治适期。大田掌握若虫 2~3 龄时防治。二查虫口密度，定防治对象田。在病毒病流行区，秧田防治指标：早稻秧田平均每平方米有成虫 9 头以上；双季晚稻秧田露青后，每平方米有成虫 18 头以上。大田防治指标：在病毒病流行区，早、晚稻大田初期（插秧后 10 天内），平均每丛有成虫 1 头以上，早稻抽穗期前后，平均每丛有成虫、若虫 10~15 头的为防治对象田。

（2）药剂使用。可选用 25% 噻嗪酮可湿性粉剂 20~30 克/亩、10% 吡虫啉可湿性粉剂 20~30 克/亩、2.5% 氟氯氰菊酯乳油 2 000 倍液、20% 异丙威乳油 150~200 毫升/亩、25% 速灭威可湿性粉剂 100~200 克/亩、50% 抗蚜威超微可湿性粉剂 3 000 倍液、90% 杀虫单可溶粉剂 1 000 倍液等喷雾防治，每亩兑水 50~60 升。

八、稻秆潜蝇

稻秆潜蝇属双翅目黄潜蝇科，别名稻秆蝇、稻钻心蝇、双尾虫。

（一）为害症状

稻秆潜蝇幼虫孵化后蛀入稻茎内为害心叶、生长点或幼穗。苗期受害，被害叶出现纵向长条状裂缝，抽出的新叶扭曲或枯黄。被害株较健株矮 8~12 厘米，形成无心苗，并有腐臭味，但单株分蘖较健株多。幼穗分化期受害，颖花退化，抽穗后穗形扭曲，穗部分无谷粒，仅有少许退化发白的枝梗或畸形小颖壳，形成花白穗或雷打稻，严重时稻穗呈白色，直立不弯头，与螟害白穗相似。受其为害后，稻穗总粒数、实粒数明显减少，结实率降低，千粒重下降，常损失 5%~10%，重的达 20%~60%。

（二）发生规律

因稻秆潜蝇喜好阴凉且耐寒性较好，所以在高海拔地区为害相对较大，稻秆潜蝇的高发期大多在雨季，通常多雨季节更容易出现稻秆潜蝇。根据调查，由于苗期叶片营养充足且柔嫩，因此更加有利于幼蝇的吸食，苗期的被害苑率通常可达 70%以上，而穗期则相对较低，约在 30%。

在进行水稻种植时，山区缺少阳光照射，因此湿度相较于平地会更大，更加有利于稻秆潜蝇的生存，若同一品种的水稻同时进行山区和平地种植，山区的被害苑率会高出 15%。通常水稻在沙质稻田种植时，前期发育会比较快，而水稻在黄泥稻田种植时，前期发育比较慢，因此相较于沙质稻田而言，黄泥稻田受到幼蝇为害会较轻。结合以上条件可以发现，稻秆潜蝇最容易发生在高海拔山区的多雨季节，且水稻苗期更容易出现稻秆潜蝇，因此，需要提前采取相应的防治措施，减少稻秆潜蝇的发生，保证水稻的产值达到预期目标。

（三）防控措施

1. 农业防治

越冬幼虫化蛹羽化前，及时清除田边及周边杂草，破坏该虫的越冬生存环境，可降低当年虫口基数；适当调整播种期或选择生育期适当的品种，可避开成虫产卵高峰期，如中稻地区适当选用早熟品种，使提早抽穗，可避开 2 代幼虫为害幼穗的危险期；选用抗虫品种；合理密植，不偏施、迟施氮肥，进行配方施肥，使水稻生长健壮。

2. 改进育秧技术

第一代稻秆潜蝇集中在早稻秧苗上产卵为害，有条件的地区可采取地膜打洞育秧方法，使早稻秧苗避开第一代稻秆潜蝇产卵高峰期，减少早稻秧苗受卵量。

3. 化学防治

采取"狠治 1 代、挑治 2 代、巧治秧田"的防治策略，因第一代幼虫为害重，发生较为整齐，盛孵期明显，利于防治。以成虫盛发期至卵孵盛期为防治适期。

（1）防治指标。秧田期平均每百株秧苗有卵 10 粒，大田期平均每丛稻有卵 1 粒的田块；卵孵盛期后，为害株以稻苗刚展出的"破叶株"为标志，稻田期株害率在 1% 以上，大田期株害率在 3%~5%，可确定为防治田。

（2）秧田防治。可选用 10% 吡虫啉可湿性粉剂 500~1 000 倍液浸秧根 1.5~2.0 小时，沥干后移栽；秧田每亩用 20% 三唑磷乳油 100 毫升，兑水 50 千克喷雾。

（3）大田防治。每亩可选用 1.8% 阿维菌素乳油 12.5 毫升、20% 三唑磷乳油 100 毫升、50% 杀螟硫磷乳油 100 毫升、10% 吡虫啉可湿性粉剂 30~35 克，兑水 50~60 升喷雾，重发田块隔 5~7 天再施药 1 次。在防治稻飞虱、螟虫、稻纵卷叶螟时兼治稻秆潜蝇。

九、稻瘿蚊

稻瘿蚊属双翅目瘿蚊科，别名稻瘿蝇。

（一）为害症状

主要为害中稻、晚稻秧苗和大田分蘖期稻株。幼虫蛀食水稻苗期生长点汁液，受害初期无症状，待至产卵后 12~15 天稻苗才出现症状，致受害稻苗基部膨大，随后心叶停止生长且由叶鞘部伸长形成淡绿色中空的"葱管"，心叶缩短，分蘖增多，茎基部膨大，5~6天后葱管抽出成"标葱"。

（二）发生规律

稻瘿蚊一生有成虫、卵、幼虫、蛹4个发育虫态。成虫外形似蚊，卵长椭圆形，幼虫体形似蛆。世代历期20~30天，地区不同，稻瘿蚊一年发生的世代数也不同。

稻瘿蚊以一龄幼虫在游草、野生稻、再生稻和落谷苗上越冬。广东地区主要在游草上越冬，第二年3月下旬至4月上旬开始羽化。成虫一般在晚上羽化，羽化后即行交尾，第二天晚上产卵，每只雌虫产卵量一般为130~230粒。卵在湿润的环境下孵化率达90%以上。孵化后的幼虫借助露水爬进稻秧叶鞘间隙，然后钻入生长点。幼虫入侵后2~4天在生长点周围的嫩叶鞘间形成虫室，2龄幼虫后期开始形成"葱管"，此时或稍后被害状才逐渐明显，表现无心叶或心叶缩短、顶叶角度增大、叶色暗绿、叶质变硬、节间缩短、分蘖增加、茎部膨大甚至丛生。稻株茎部显著膨大时，称甲型"葱管"；"葱管"抽出叶鞘，称乙型"葱管"；"葱管"内蛹已羽化，称丙型"葱管"。

如越冬幼虫基数大，附近的早稻和晚稻秧田"标葱"就较多；若从晚稻秧田扩散，带虫到本田的虫源较多，则晚稻本田"标葱"严重。稻瘿蚊发生期如遇到较多的阴雨天气和适宜的降水量，更有利于发生，干旱天气则受到抑制。

（三）防控措施

1. 农业防治

铲除越冬寄主杂草、再生稻、落谷稻等以减少越冬虫源。积极调整农田耕作制度，减少稻瘿蚊桥梁田。简化稻作，推行水稻种植区域化。双季稻区一律种植双季稻，避免插花种植其他稻作。种植抗虫品种。

2. 物理防治

安装频振式杀虫灯诱杀成虫效果较好，可有效减少下代虫源。

3. 秧田防治

两次施药法：第一次是在播种当天，用 10% 吡虫啉可湿性粉剂 30 克直接拌芽谷 15 千克，拌匀装袋 15~20 分钟后播种；第二次是在抛秧前 2~3 天或移栽前 5~6 天，用 10% 吡虫啉可湿性粉剂 50 克兑水 50~60 升喷雾。秧苗 1 叶 1 心期，每亩用毒土法将 5% 辛硫磷颗粒剂 150~240 克拌细土或细沙 10~15 千克撒施；若秧苗移栽前 7~10 天发现秧苗内活虫率超过 2% 时，每亩用 5% 辛硫磷颗粒剂 150~240 克拌毒土撒施；若移栽前发现秧苗带虫，用 90% 敌百虫原药 800 倍液浸秧根后在阴凉处用薄膜覆盖 5 小时再移栽。

在成虫盛发至卵孵化高峰期，每亩可选用 5% 丁虫腈乳油 20~30 毫升、40% 三唑磷乳油 60~80 毫升、10% 吡虫啉可湿性粉剂 20~30 克，兑水 50~60 千克，均匀喷雾。

4. 大田防治

在移栽后 7~20 天内幼虫孵化高峰期用药，方法同秧田期，药量可适量增加。此外，还可选用中低毒、低残留的农药如苏云金杆菌、三唑磷等。注意坚持"药肥兼施、以药杀虫、以肥攻蘖、促蘖成穗"的原则，一般施药时每亩拌施尿素 7~10 千克，可进一步利用稻苗较强的补偿力降低稻瘿蚊的为害。

十、福寿螺

福寿螺，学名为大瓶螺，原产南美洲亚马孙河流域。20 世纪 80 年代初中国广东省各地先后引进饲养，以供食用。但由于人们对该螺的生物学特性、营养价值、市场前景以及该螺的为害性缺乏认识，加上管理不善，导致其迅速扩散蔓延进入农田，为害水稻等水生农作物，现已成为农业生产上的一大灾害。

（一）为害症状

主要吞食稻苗（叶），造成少苗缺株，需多次补苗，秧田和分蘖期稻株一般受害率为 4%~7%，高的达 13%~15%。

（二）发生规律

福寿螺每年 4—6 月和 8—10 月是产卵和孵化高峰期，也是成螺和高龄幼螺集中为害的盛期。

（三）防控措施

1. 消灭越冬螺源

福寿螺大多集中在河道、沟渠里越冬，冬季结合田间管理，清除淤泥、杂草，破坏福寿螺越冬场所，降低越冬螺的成活率和冬后的残螺量。

2. 阻断传播

在重发区的下游片区，灌溉渠入口或稻田进水口安装阻隔网，防止福寿螺随水进入田间。

3. 人工捕杀

在春季产卵高峰期，结合田间管理摘除田间、沟渠边卵块，带离稻田喂养鸭子或将卵块压碎。晒田时成螺主要集中在进排水口和秧田沟内，早晨和下午人工拾螺。人工摘除卵块和结合农时捡拾成螺。

4. 人工诱杀

稻田淹水后，在稻田中插 30~100 厘米高竹片、木条、油菜秸秆等，引诱福寿螺在竹片、木条、秸秆上集中产卵，每 2~3 天摘除一次卵块进行销毁。数量以每亩 30~80 根竹片、木条、秸秆为宜，靠近田边适当多插，方便摘除卵块。

5. 简易方法

茶籽麸含有破坏福寿螺表面黏膜结构的活性物质，每亩稻田用茶籽麸（或桐籽麸）10~15 千克，拌干细土 10~15 千克均匀撒施，或经粉碎后直接撒施于已耙好的田块或排灌沟上。每亩撒施 50~60 千克石灰亦可取得较好的防效。

6. 养鸭食螺

放鸭时间为水稻移栽后 7~10 天至水稻孕穗末期，每天早晨和傍晚各放养一次鸭群（每亩 15~30 只）到稻田和水渠中啄食幼螺。

7. 化学防治

宜在成螺产卵前用药，当稻田苗田期每平方米平均有螺 1~2 头，田边卵块每平方米 1 个；分蘖期 3~4 头，卵块 1~2 块时，应马上采取化学方法进行防治。每亩可选用 50%杀螺胺乙醇胺盐可湿性粉剂 65 克、8%四聚乙醛颗粒剂 1.5~2.0 千克、70%杀螺胺可湿性粉剂 30~40 克、6%四聚乙醛·甲萘威可湿性粉剂 650~750 克或 45%三苯基乙酸锡超微可湿性粉剂 50 克，可拌细沙、细土或饼屑 5~10 千克撒施。注意施药后保持 3~4 厘米水层 5~7 天，施药时田间保持 5 厘米浇水层，施药后保持水层 7 天左右，在此期间尽量保持水清澈。

采用 0.3%苦参碱可溶性液剂，每亩 120~150 毫升稀释成 300~500 倍液，在 17:00 以后均匀喷雾，秧田水稻 2 叶 1 心期施药 1 次，移栽时施药 1 次，如螺害严重隔 10 天再施药 1 次。

第二章 小麦重大病虫害防控技术

第一节 小麦病害

一、赤霉病

（一）为害症状

小麦赤霉病可以侵染小麦的各个部位，自幼苗至抽穗期均可发生，引起苗枯、茎腐和穗腐等。大流行年份病穗率达50%~100%，减产10%~40%。该病菌的代谢产物含有毒素，人畜食用后还会中毒。赤霉病最初在小穗颖片上出现水浸状病斑，逐渐扩大至整个小穗和穗子，严重时整个小穗或穗子后期全部枯死，受感染的穗子呈灰褐色。气候潮湿时，感病小穗的基部产生粉红色胶质霉层，为病菌的分生孢子座和分生孢子。后期穗部产生煤屑状黑色颗粒。黑色颗粒是病菌的子囊壳。在幼苗的芽鞘和根鞘上呈黄褐色水浸状腐烂，严重时全苗枯死，病残苗上有粉红色菌丝体。发病初期，茎基部呈褐色，后变软腐烂，植株枯萎，在病部产生粉红色霉层。

（二）发生规律

小麦赤霉病是真菌性病害，病菌主要以菌丝体潜伏在稻茬中，种子也可带菌。一般因初侵染菌源量大，小麦抽穗扬花期间降雨多，湿度大，病害就可流行；或地势低洼、土壤黏重、排水不良的麦田湿度大，也有利于该病的发生。小麦抽穗扬花期气温在 15℃以上，连续阴雨 3 天以上，或重雾、重露造成田间湿度大，就有严重发生的可能；小麦抽穗后 15~20 天内，阴雨日数超过 50%，病害就可能流行，超过 70% 就可能大流行，40% 以下为轻发生。

(三) 防控措施

1. 农业防治

适时播种，合理施肥；深耕灭茬，消灭菌源；合理灌排、降低田间湿度；选用抗病耐病品种；合理密植和控制适宜群体密度，提高和改善麦田通风透光条件。

2. 种子处理

在播种前进行种衣剂包衣或用拌种，按种子量 3% 的药量与种子混拌均匀。

3. 药剂防治

小麦赤霉病重在预防，治疗效果较差。防治重点是在小麦扬花期预防穗腐发生。在始花期喷洒，要在小麦齐穗扬花初期（扬花株率 5%~10%）用药。药剂防治应选择渗透性、耐雨水冲刷性和持效性较好的农药，每亩可选用 25% 氰烯菌酯悬浮剂 100~200 毫升、40% 戊唑·咪鲜胺水乳剂 20~25 毫升、28% 烯肟·多菌灵可湿性粉剂 50~95 克，兑水 30~45 千克细雾喷施。视天气情况、品种特性和生育期早晚再隔 7 天左右喷第二次药，注意交替轮换用药。此外小麦生长的中后期赤霉病、麦蚜、黏虫混发区，每亩选用 40% 毒死蜱乳油 30 毫升、10% 抗蚜威可湿性粉剂 10 克加 40% 多·酮可湿性粉剂 100 克，或尿素、丰产素等，防效优异。喷药时期如遇阴雨连绵或时晴时雨，必须抢在雨前或雨停间隙露水干后抢时喷药；如果连阴有雨，下小雨可以喷药，但应加大 10% 的用药量。喷药后遇雨可隔 5~7 天再喷 1 次，以提高防治效果，喷药时要重点对准小麦穗部，均匀喷雾。

二、锈病

小麦锈病又叫黄疸病，是由柄锈属真菌侵染引起的一类病害，分为条锈病、叶锈病和秆锈病3种。其中条锈病主要分布在华北、西北、淮北等北方冬麦区和西南的四川、重庆、云南小麦产区；叶锈病主要分布在东北、华北、西北、西南小麦产区；秆锈病主要分布在华东沿海、长江流域中下游和南方冬麦区及东北、西北，尤其是内蒙古等地的春麦区，以及云南、贵州、四川的西南高山麦区。

（一）为害症状

1. 小麦条锈病

小麦条锈病是一种气传病害，病菌随气流长距离传播，可波及全国。该病菌主要为害小麦的叶片，也可为害叶鞘、茎秆和穗部。小麦感病后，初呈褪绿色的斑点，后在叶片的正面形成鲜黄色的粉疮（即夏孢子堆)。夏孢子堆较小，长椭圆形，在叶片上排列成虚线状，与叶脉平行，常几条结合在一起成片着生。到小麦接近成熟时，在叶鞘和叶片上长出黑色狭长形埋伏于表皮下面的条状疮斑的孢子，即病菌的冬孢子。条锈病主要在西北冷凉春麦区越夏，华北麦区侵染来源主要来自陇南、陇东、西南等夏孢子可以越冬的麦区。春季小麦锈病流行的条件有：有一定数量的越冬菌源；有大面积感病品种；当地3—5月雨量较多，早春气温回升快，外来菌源多而早时，则小麦中后期突发流行，减产严重。

2. 小麦叶锈病

小麦叶锈病分布于全国各地，发生较为普遍。叶锈病主要发生在叶片，也能侵害叶鞘。发病初期，受害叶片出现圆形或近圆形红褐色的夏孢子堆。夏孢子堆较小，一般在叶片正面不规则散生，极少能穿透叶片，待表皮破裂后，散出黄褐色粉状物。即夏孢子，后期在叶片背面和叶鞘上长出黑色椭圆形埋于表皮下的冬孢子堆。小麦叶锈病菌较耐高温，在自生小麦苗上发生越夏，秋播小麦出土后叶锈菌又从自生麦苗上转移到冬小麦麦苗上。播种较早，气温较高，利于叶锈病的生长，小麦发病受害重。播种较晚，气温较低，不能形成夏孢子堆，多以菌丝潜伏在麦叶内越冬。

3. 小麦秆锈病

小麦秆锈病分布于全国各地，病害流行年份，常来势凶猛、为害大，可在短期内引起较大损失，造成小麦严重减产。秆锈病主要发生在小麦叶鞘、茎秆和叶鞘基部，严重时在麦穗的颖片和芒上也有发生，产生很多的深红褐色长椭圆形夏孢子堆，常散生，表皮破裂而外翻。小麦发育后期，在夏孢子堆或其附近产生黑色的冬孢子堆。小麦秆锈病的流行主要与品种、菌源基数、气象条件有关。该病菌在华北麦区不能越冬，春末夏初的致病菌原主要来自东南麦区。一般在小麦抽穗期至乳熟期这一阶段前后的田间湿度等影响病害流行的关键因素密切相关，也是秆锈菌夏孢子萌发和侵染的主要时期。

（二）发生规律

我国凡是有小麦种植的区域，都有一种或两三种锈病发生，广泛分布于我国各小麦产区。小麦条锈病病菌越冬的低温界限为最冷月份月均温$-7 \sim -6\,℃$，如有积雪覆盖，即使低于$-10\,℃$仍能安全越冬。

条锈病病菌以夏孢子在小麦为主的麦类作物上逐代侵染而完成周年循环。夏孢子在寄主叶片上，在适合的温度（$14 \sim 17\,℃$）和有水滴或水膜的条件下侵染小麦。三种锈病病菌的夏孢子在萌发和侵染上的共同点是都需要液态水，侵入率和侵入速度取决于露时和露温，露时越长，侵入率越高；露温越低，侵入所需露时越长。在侵染上的不同点主要是三者要求的温度不同，条锈病病菌最低，叶锈病病菌居中，秆锈病病菌最高。

（三）防控措施

小麦锈病的防治应贯彻"预防为主，综合防治"的植保方针，重点抓好应急防治。防治应做到准确监测，发现一点，控制一片，坚持点片防治与普治相结合，群防群治与统防统治相结合，把损失降到最低限度。

1. 农业防治

在锈病易发区，不宜过早播种；及时排灌，降低麦田湿度抑制病菌夏孢子萌发；清除自生、寄生苗，减少越夏菌源。合理施肥，避免氮肥施用过多过晚，增施磷、钾肥，促进小麦生长发育，提高抗病能力。选用抗病丰产良种，做好抗锈品种的合理布局，切断菌源传播路线。

2. 种子处理

药剂拌种用99%噁霉灵2克+天达2116浸拌种型25克（1袋），兑水2~3千克，均匀喷拌麦种50千克，晾干后播种，随拌随播，切勿闷种。还可兼防白粉病、全蚀病、根腐病、纹枯病和腥黑穗病等。

3. 药剂防治

在小麦拔节至抽穗期，条锈病病叶率达到1%左右时，开始喷药，以后隔7~10天再喷1次。每亩可选用20%三唑酮乳油30~50毫升、15%三唑酮可湿性粉剂75克、12.5%烯唑醇可湿性粉剂15~30克，兑水50~60千克叶面喷雾。

三、小麦茎基腐病

（一）为害症状

小麦茎基腐病在幼芽、幼苗、成株根系、茎叶和穗部均可受害，以根部受害最重，是近几年新发生的病害。播种后种子受害，幼芽鞘受害后有褐色斑痕，严重时腐烂死亡。苗期受害根部产生褐色或黑色病斑。成株期受害植株茎基部出现褐色条斑，严重时茎折断枯死，或虽直立不倒，但提前枯死，枯死植株青灰色，白穗不实，俗称"青死病"，人工拔时茎基部易折断，拔起病株可见根毛和主根表皮脱落，根冠部变黑并黏附土粒。叶片上病斑初为梭形小斑，后扩大成长圆形或不规则形斑块，边缘不规则，中央浅褐色至枯黄色，周围深绿色，有时有褪绿晕圈。穗部发病在颖壳基部形成水浸状斑，后变褐色，表面覆黑色霉层，穗轴和小穗轴也常变褐腐烂，小穗不实或种子不饱满，在高温条件下，穗颈变褐腐烂，使全穗枯死或掉穗。麦芒发病后，产生局部褐色病斑，病斑部位以上的一段芒干枯。种子被侵染后，胚全部或局部变褐色，种子表面也可产生梭形或不规则形暗褐色病斑。

（二）发生规律

小麦茎基腐病是真菌性病害，病菌主要以菌丝体潜伏在种子内和病残体中越夏、越冬，小麦播种后，种子和土壤中的病菌侵染幼芽和幼苗，造成芽腐和苗腐。分生孢子可随气流或雨滴飞溅传播，侵染麦株地上部位。生育后期高温多雨，可大流行。田间病残体多，腐解慢，病菌数量就多，发病重。连作麦田，发病较重。幼苗出土慢，发病重。土温20℃以上，高湿，有利于发病。土质贫瘠、水肥不足易发病。小麦遭受冻害、旱害或涝害，可加重病害发生。

（三）防控措施

1. 农业防治

因地制宜选用抗病、耐病品种，或选无病种子。适期早播、浅播，避免在土壤过湿、过干条件下播种。增施有机肥，磷、钾肥，返青时追施适量速效性氮肥。合理排灌，防止小麦长期过旱过涝，越冬期注意防冻。勤中耕，清除田间禾本科杂草。麦收后及时翻耕灭茬，促进病残体腐烂。秸秆还田后要翻耕，埋入地下。与非禾本科作物轮作，避免或减少连作。

2. 种子处理

播种前进行药剂拌种，药剂可以选用 2.5% 咯菌腈种子处理悬浮剂、12.5% 烯唑醇乳油、50% 代森锰锌可湿性粉剂、50% 多菌灵可湿性粉剂或 50% 福美双可湿性粉剂，用量为种子重量的 0.2%~0.3%。

3. 药剂防治

发病初期可选用 50% 福美双可湿性粉剂 500 倍液、15% 三唑醇可湿性粉剂 2 000 倍液、70% 甲基硫菌灵可湿性粉剂或 70% 代森锰锌可湿性粉剂 500 倍液，均匀喷雾。或每亩用 50% 氯溴异氰尿酸可湿性粉剂 50~60 克兑水喷雾。7~10 天后再喷 1 次。

四、纹枯病

小麦纹枯病在黄淮麦区发生普遍，且为害严重。

（一）为害症状

小麦纹枯病主要发生在小麦茎秆和叶鞘上，发病初期，在近地表的叶鞘上产生周围褐色、中央淡褐色至灰白色的梭形病斑，后逐渐扩展至茎秆叶鞘上（侵茎）且颜色变深，形成云纹状花纹，病斑无规则，严重时可包围全叶鞘，使叶鞘及叶片早枯；重病株茎基 1~2 节变黑甚至腐烂，烂茎抽不出穗而形成枯孕穗或抽后形成白穗，结实少，籽粒秕瘦。小麦生长中后期，叶鞘上的病斑常有时可见到一些白色菌丝状物，空气潮湿时上面初期散生土黄色至黄褐色霉状小团，后逐渐变褐，形成圆形或近圆形颗粒状物，即病菌的菌核。

（二）发生规律

小麦纹枯病是真菌性病害，以菌核附着在植株病残体上或落入土中越夏或越冬，成为初侵染的主要来源。被害植株上菌丝伸出寄主表面，对邻近麦株蔓延进行再侵染。小麦播种早、播量大、氮肥多、长势旺，浇水多或阴雨天气造成湿度大，有利于病害的发生。主要引起穗粒数减少，千粒重降低，还引起倒伏。一般病田减产10%左右，严重时减产30%~40%。

（三）防控措施

1. 农业防治

适期适时适量播种；增施有机肥，氮磷钾肥配方使用；实行合理轮作，减少传播病菌源基数；合理灌水，及时中耕，降低田间湿度，促使麦苗健壮生长和抗病能力；选用抗病和耐病品种。

2. 种子处理

选用有效药剂包衣（或拌种），可用25克/升咯菌腈悬浮种衣剂10~20毫升或2%戊唑醇10~20克拌种10千克，或用10%三唑醇可湿性粉剂按种子量的0.3%拌种。

3. 药剂防治

小麦返青后病株率达5%~10%（一般在3月中旬前后）喷药，在纹枯病发生地区或重发生年份，每亩选用70%甲基硫菌灵可湿性粉剂70~100克、20%三唑酮乳油30~50毫升、12.5%烯唑醇可湿性粉剂30~40克、24%噻呋酰胺悬浮剂20毫升，兑水50~60千克喷雾，或20%丙环唑乳油1 000~1 500倍喷雾（注意尽量将药液喷到麦株茎基部）；第二次用药在第一次用药后15天左右施用，可有效防治本病。或用氯溴异氰尿酸、戊唑醇、己唑醇等防治。

五、白粉病

小麦白粉病是在黄淮流域发生普遍的真菌性病害，近年来随着麦田肥水条件的改善及高产田群体密度加大，小麦白粉病发病逐年加重。

（一）为害症状

小麦白粉病自幼苗到抽穗后均可发病。主要为害小麦叶片，也为害茎、穗和芒。病部最先出现白色丝状霉斑，下部叶片比上部叶片多，叶片背面比正面多。中期病部表面有一层白粉状霉层，一般叶正面病斑较叶背面多，下部叶片较上部叶片病害重，霉斑早期单独分散逐渐扩大相连，形成长椭圆形较大的霉斑，严重时可覆盖叶片大部，甚至全部，霉层厚度可达 2 毫米左右，并逐渐呈粉状。后期霉层逐渐由白色变为灰色，上生黑色颗粒。严重影响光合作用，使正常新陈代谢受到干扰，造成早衰，产量受到损失。

（二）发生规律

小麦白粉病流行的条件：在大面积种植感病品种基础上，4—5 月气温在 15~20℃、相对湿度在 70% 以上；小麦生长旺盛，群体密度过大，植株幼嫩，抗病力低或者倒伏的麦田。病菌在黄淮平原麦区不能越夏，可在海拔 500 米以上山区的自生麦苗或春小麦上越夏为害，秋季随气流传播到平原冬麦区上发生为害。

（三）防控措施

1. 农业防治

选用抗病丰产品种为主，百农 207、矮抗 58 和丰德存 5 号等抗性较好；合理密植，适当晚播，氮磷钾配方合理施用，科学灌溉，适时排水，消灭初期侵染源。

2. 种子处理

可用 15% 三唑酮可湿性粉剂按种子重量的 0.12% 拌种，控制苗期病情，减少越冬菌量，减轻发病为害，并能兼治散黑穗病。

3. 药剂防治

在小麦白粉病发病率达 10% 或病情指数达 5~8 时，即应进行药剂防治。每亩选用 25% 咪鲜胺乳油 20 毫升、12.5% 烯唑醇可湿性粉剂 20 克、20% 三唑酮乳油 20~30 毫升、15% 三唑酮可湿性粉剂 50~100 克，兑水 50~60 千克喷雾，或兑水 10~15 千克低容量喷雾防治。

六、根腐病

小麦根腐病又称小麦根腐叶斑病，或黑胚病、青死病和青枯病等。全国各地麦区均有发生，重者发病率 20%~60%，是麦田常发病害之一。一般减产 10%~30%。

（一）为害症状

小麦整个生育期都可引发根腐病。幼苗染病后在芽鞘上产生黄褐色至黑褐色梭形斑，边缘清晰，中间稍褪色，扩展后引起种根基部、根间、分蘖节和茎基部变褐色腐烂，最后根系腐朽，麦苗平铺在地上，下部叶片变黄，逐渐黄枯而亡。成株叶上病斑初期为梭形或椭圆形褐斑，扩大后呈椭圆形或不规则褐色大斑，病斑融合成大斑后枯死，严重的整叶枯死。叶鞘染病产生边缘不明显的云状纹，与其连接的叶片黄枯而死。叶鞘上病斑不规则，常形成大型云纹状浅褐色斑，扩大后整个小穗变褐枯死并产生黑霉。病小穗不能结实，或虽结实但种子带病，种胚变黑。黑胚病不仅会降低种子发芽率，而且会对小麦制品颜色等产生一定影响。

（二）发生规律

小麦根腐病是真菌性病害，病菌以菌丝体和厚垣孢子在小麦、大麦、黑麦、燕麦、多种禾本科杂草的病残体和土壤中越冬，翌年成为小麦根腐病的初侵染源。发病后病菌产生的分生孢子再借助于气流、雨水、轮作、感病种子传播，该菌在土壤中可存活 2 年以上。根腐病的流行程度与菌源数量、栽培管理措施、气象条件和寄主抗病性等因素有关。生产上播种带菌种子可导致苗期发病。幼苗受害程度随种子带菌量增加而加重，侵染源多则发病重。耕作粗放、土壤板结、播种覆土过厚、春麦区播种过迟、冬麦区过早，以及小麦连作、种子带菌、田间杂草多、地下害虫引起根部损伤均会引起根腐病。麦田缺氧、植株早衰或叶片叶龄期长，小麦抗病力下降，则发病重。麦田土壤温度低或土壤湿度过低或过高易发病，土质瘠薄、抗病力下降及播种过早或过深发病重。小麦抽穗后出现高温、多雨的潮湿气候，病害发生程度明显加重。栽培中高氮肥和频繁的灌溉方式，亦会加重该病的发生。

（三）防控措施

1. 农业防治

与油菜、亚麻、马铃薯及豆科植物轮作换茬；适时早播、浅播，合理密植；中耕除草，防治苗期地下害虫；平衡施肥，施足基肥，及时追肥，不要偏施氮肥；灌浆期合理灌溉，降低田间湿度；选用抗病耐病丰产品种。

2. 种子处理

播种前可选用50%异菌脲可湿性粉剂、75%萎锈·福美双可湿性粉剂、70%代森锰锌可湿性粉剂、50%福美双可湿性粉剂或20%三唑酮乳油，按种子重量的0.2%～0.3%拌种，防效可达60%以上。

3. 药剂防治

返青至拔节期喷洒25%丙环唑乳油4 000倍液，或每亩选用50%福美双可湿性粉剂100克、50%氯溴异氰尿酸水溶性粉剂60克，兑水75千克喷洒。在小麦灌浆初期选用25%丙环唑乳油50毫升/亩、25%嘧菌酯悬浮剂20克/亩、5%烯肟菌胺乳油80毫升/亩或12.5%腈菌唑乳油60毫升/亩，兑水30～50千克均匀喷雾。

第二节　小麦虫害

一、蚜虫

（一）为害症状

小麦蚜虫又名腻虫，是小麦生产中的主要害虫，以成虫、若虫刺吸麦株茎、叶和嫩穗的汁液为害小麦（直接为害），再加上蚜虫排出的蜜露，落在麦叶片上，严重影响光合作用（间接为害）。前期为害可造成麦苗发黄，影响生长，后期被害部分出现黄色小斑点，麦叶逐渐发黄，麦粒不饱满，严重时麦穗枯白，不能结实，甚至整株枯死，严重影响小麦产量。

（二）发生规律

小麦蚜虫的越冬虫态及场所均依各地气候条件而不同，南方无越冬期，北方麦区、黄河流域麦区以无翅胎生雌蚜在麦株基部叶丛或土缝内越冬，北部较寒冷的麦区，多以卵在麦苗枯叶上、杂草上、茬管中、土缝内越冬，而且越向北，以卵越冬率越高。从发生时间上看，麦二叉蚜早于麦长管蚜，麦长管蚜一般到小麦拔节后才逐渐加重。

麦蚜为间歇性猖獗发生，与气候条件密切相关。麦长管蚜喜中温不耐高温，要求湿度为 40%~80%，而麦二叉蚜则耐 30℃的高温，喜干怕湿，湿度 35%~67% 为适宜。一般早播麦田，蚜虫迁入早，繁殖快，为害重；夏秋作物的种类和面积直接影响麦蚜的越夏和繁殖。

（三）防控措施

1. 农业防治

合理布局作物，冬、春麦混种区尽量使其单一化，秋季作物尽可能为玉米和谷子等；选择一些抗虫耐病的小麦品种，造成不良的食物条件，抑制或减轻蚜虫发生；冬麦适当晚播，实行冬灌，早春耙磨镇压，减少前期虫源基数。

2. 药剂防治

主要防治穗期蚜虫，抽穗后当蚜株率超过 30%，百株蚜量超过 1 000 头，瓢蚜比小于 1 : 150 就要及时防治。每亩选用 4.5%高效氯氰菊酯可湿性粉剂 30~60 毫升、10%吡虫啉可湿性粉剂 15~20 克或 50%抗蚜威可湿性粉剂 10~15 克，上述农药中任选一种，兑水 30 千克喷雾。在上午露水干后或傍晚均匀喷雾，防治效果均较好。如发生较严重，还可用吡蚜酮、氟啶虫胺腈或啶虫脒等防治。

二、吸浆虫

（一）为害症状

小麦吸浆虫常见的有麦红吸浆虫、麦黄吸浆虫两种。黄淮流域以麦红吸浆虫为主，麦黄吸浆虫少有发生。幼虫潜伏在颖壳内吸食正在灌浆的麦粒汁液，小麦生长势和穗型不受影响，由于麦粒被吸空、麦秆表现直立不倒，具有假旺盛的长势。受害麦粒秕瘦，甚至空壳，出现"千斤的长势，几百斤甚至几十斤产量"的残局。吸浆虫对小麦产量具有毁灭性，一般可造成 10%~30%的减产，严重的达 70%以上，甚至绝收。

（二）发生规律

麦红吸浆虫在每年发生 1 代，但幼虫有多年休眠习性，因此也有多年 1 代的可能。以幼虫在土中结圆茧越夏越冬，越冬幼虫 3—4 月化蛹，4 月下旬成虫羽化，产卵于未杨花的颖壳内，幼虫吸食正在灌浆的麦粒汁液，5 月下旬入土越夏。

（三）防控措施

1. 农业防治

施足基肥，春季少施化肥，使小麦生长发育整齐健壮。

2. 药剂防治

（1）幼虫期防治。在小麦播种前撒毒土防治土中幼虫，于播前整地时进行土壤处理。用5%辛硫磷颗粒剂150~240克/亩加20千克干细土，拌匀制成毒土撒施在地表。

（2）蛹期防治。蛹期防治是在小麦孕穗期进行，是防治该虫的关键时期。可选用5%辛硫磷颗粒剂150~240克/亩、50%辛硫磷乳油150毫升/亩、48%毒死蜱乳油100~125毫升/亩、50%倍硫磷乳油75毫升/亩加20千克细土制成毒土，均匀撒在地表，然后进行锄地，把毒土混入表土层中，如施药后灌一次水，效果更好。

（3）成虫期防治。小麦齐穗期也可结合防治麦蚜，可选用80%敌敌畏乳油100毫升/亩、50%马拉硫磷乳油35毫升/亩、4.5%氯氰菊酯乳油40毫升/亩、2.5%溴氰菊酯乳油或20%氰戊菊酯乳油2 000倍液防治成虫等。该虫卵期较长，发生严重时可连续防治2次。

三、麦蜘蛛

（一）为害症状

在中国小麦产区常见的麦蜘蛛主要有两种：麦长腿蜘蛛和麦圆蜘蛛。北方以麦长腿蜘蛛为主，南方以麦圆蜘蛛为主。麦长腿蜘蛛主要发生在地势高、气候干燥的干旱麦田。麦蜘蛛在冬季前或春季以成螨、若螨刺吸叶片汁液，被害麦叶出现黄白色小点，植株矮小，发育不良，重则干枯死亡。麦圆蜘蛛以为害小麦为主，主要分布在地势低洼、地下水位高、土壤黏重、植株过密的麦田。

（二）发生规律

麦长腿蜘蛛每年发生3~4代，麦圆蜘蛛每年发生2~3代，两者都是以成螨、若螨或卵在植株根际、杂草上或土缝中越冬；翌年2月中旬成螨开始活动，越冬卵孵化；3月中下旬至4月上旬密度迅速增大，为害加重；5月中下旬，成螨数量急剧下降，以卵越夏。越夏卵10月上中旬陆续孵化，在小麦幼苗上繁殖为害，喜潮湿，多在8:00—9:00以前和16:00—17:00以后活动为害，12月以后若螨减少，越冬卵增多，以卵或成螨越冬。

（三）防控措施

1. 农业防治

因地制宜采用轮作倒茬，麦收后浅耕灭茬能杀死大量螨虫，可有效消灭越夏卵；合理灌溉灭螨，在麦蜘蛛潜伏期灌水，可使虫体被泥水粘于地表而死。灌水前先扫动麦株，使麦蜘蛛假死落地，随即放水，收效更好；加强田间管理，增强小麦自身抗病虫害能力；及时进行田间除草，可有效减轻其为害。

2. 药剂防治

当麦垄单行33厘米有虫200头时防治。可选用1.8%阿维菌素乳油2 000~4 000倍液、15%哒螨灵乳油2 000~3 000倍液、20%哒螨灵可湿性粉剂3 000~4 000倍液或50%马拉硫磷乳油2 000倍液喷雾。

第三章　玉米重大病虫害防控技术

第一节　玉米病害

一、玉米锈病

玉米锈病包括普通锈病、南方锈病、热带锈病和秆锈病4种。在我国以普通锈病分布最广，南方锈病在局部地区发生。普通锈病病原为高粱柄锈菌；南方锈病病原为多堆柄锈菌。玉米锈病常在玉米生长后期发病，个别地区或个别年份发病严重，造成植株早枯，籽粒不饱满而减产。

（一）为害症状

玉米锈病从幼苗期到成株期均可发病而造成较大的损失，以抽雄期、灌浆期发病重，随后发病逐渐降低。该病主要为害叶片、叶鞘，严重时也可侵染果穗、苞叶乃至雄花。初期仅在叶片两面散生浅黄色长形或卵形褐色小脓疱，后小脓疱破裂，散出铁锈色粉状物，即病菌夏孢子；后期病斑上生出黑色近圆形或长圆形突起，开裂后露出黑褐色冬孢子，长1~2毫米。

（二）发生规律

锈菌是专性寄生菌，只能在寄主上存活，脱离寄主后，很快死亡。在自然条件下，玉米锈病病原菌的转主寄主是酢浆草。玉米上产生的冬孢子越冬后萌发，产生担孢子，担孢子侵染酢浆草，在酢浆草上相继产生性孢子和锈孢子。锈孢子侵染玉米，玉米发病后产生夏孢子堆和夏孢子。夏孢子释放后，随气流扩散传播，继续侵染玉米。在整个生长季节，可发生数次至十余次再侵染，酿成锈病流行。至玉米生长季末期，在玉米上又产生冬孢子，开始越冬。在栽培条件下，病原菌以夏孢子侵染不同地区、不同茬口的玉米，完成周年循环，转主寄主不起作用。在南方，终年有玉米生长，锈病可以在各茬玉米之间接续侵染，辗转为害。北方玉米发病的初侵染菌源来自南方，是随高空气流远距离传播的夏孢子。温度适中、多雨高湿的天气适于普通锈病发生，气温在16~23℃，相对湿度在100%时发病重。对普通锈病感病的品种较多，如丹玉13、铁单8号、掖单2号、掖单4号、掖单12、掖单13、西玉3号和沈单7号等。但抗病性多是小种专化的，锈菌小种区系改变，品种抗病性也随之变化。

（三）防控措施

1. 农业防治

选用抗病、耐病优良品种；施用酵素菌沤制的堆肥、充分腐熟的有机肥，采用配方施肥，增施磷、钾肥，避免偏施、过施氮肥，以提高植株的抗病性；加强田间管理，清除酢浆草和玉米病残体并集中深埋或烧毁，以减少该病菌侵染源。

2. 药剂防治

在锈病发病初期及时选用40%多·硫悬浮剂600倍液、50%硫黄悬浮剂300倍液、97%敌锈钠原药250~300倍液、12.5%烯唑醇可湿性粉剂4 000~5 000倍液、25%三唑酮可湿性粉剂1 000~1 500倍液或50%多菌灵可湿性粉剂500~1 000倍液，每隔10天左右叶面喷洒1次，连续防治2~3次效果更佳。

二、玉米大斑病

玉米大斑病在我国分布广，主要发生在气候较凉爽的玉米种植区，以东北、华北北部、西北、西南及其他海拔较高的地区发生严重。一般年份可造成减产 5%左右；严重年份，感病品种的损失在 20%以上。

（一）为害症状

玉米大斑病病原为玉米大斑突脐蠕孢菌。该菌主要为害叶片，严重时也可为害叶鞘、苞叶和籽粒。一般从下部叶片开始发病，逐渐向上扩展。苗期很少发病，拔节期后病斑开始出现，抽雄后发病加重。发病部位最先出现水渍状小斑点，然后沿叶脉迅速扩大，形成梭形大斑，病斑中间颜色较浅，边缘较深，一般长 5~20 厘米、宽 1~3 厘米；严重发病时，多个病斑连片，导致叶片枯死，枯死部位腐烂。在叶鞘和苞叶上，可生成长形或不规则形暗褐色斑块，其表面产生灰黑色霉层。

（二）发生规律

玉米大斑病病菌主要以菌丝体随散落田间的病残体越冬，春季在病残体上产生分生孢子，由风雨传播，落到玉米叶片上，产生初侵染。我国东北、西北、华北北部和南方山区春玉米区病害发生较重。大斑病病菌分生孢子萌发和侵入的适温范围为 20~27℃，最适温度为 23℃，在 3℃以下和 35℃以上基本不能侵入。病斑上产生孢子的适宜温度为 20~26℃，最适温度为 23℃，在 5℃以下和 35℃以上基本不产生孢子。无论孢子产生还是孢子萌发，都需要 90%以上的湿度或叶面有露水。在北方春玉米产区，6—7 月的降水量是影响大斑病发病程度的关键因素。例如，吉林省若 6—7 月的雨量都超过 80 毫米，雨日较多，加之 8 月雨量适中，则为重病年。若这两个月的雨量和雨日都少，尤其 7 月的雨量低至 40 毫米以下，那么即使 8 月雨量适中，仍为轻病年。玉米连茬地和靠近村庄的地块，越冬菌源量多，初侵染发生得早而多，再侵染频繁，发病率较高。若肥水管理不良，玉米植株生育后期脱肥，则抗病性降低，发病加重。

（三）防控措施

1. 农业防治

以推广利用抗病、耐病品种，加强田间肥水管理，合理密植为主；及时消除田间残茬、病株，及早焚烧或深埋，降低越冬病源基数，减少翌年该病害发生的初侵染源；加强田间管理，培育壮苗，提高植株抗病能力；合理密植，增施有机肥，合理浇水和排出雨后积水，及时中耕除草，创造不利于病害发生的环境条件。

2. 种子处理

用烯唑醇、福美双拌种或包衣。

3. 药剂防治

当发现叶片上有病斑时，可用65%代森锌可湿性粉剂或50%多菌灵可湿性粉剂等抗菌类药剂防治。

三、玉米小斑病

玉米小斑病是玉米生产中的重要病害之一，广泛分布在我国各玉米产区，以夏收玉米种植区发生最多。

（一）为害症状

玉米小斑病从幼苗期到成株期均可发病而造成损失，以抽雄期、灌浆期发病重，随后发病逐渐降低。该病主要为害叶片，也为害叶鞘和苞叶。与玉米大斑病相比，叶片上的病斑明显小，但数量多。病斑初为水浸状，后变为黄褐色或红褐色，边缘颜色较深，一般大小为（5~10）毫米×（3~4）毫米。病斑密集时互相连接成片，形成大型枯斑，多从植株下部叶片先发病，向上蔓延、扩展。

叶片病斑形状因品种抗性不同，有3种类型。

（1）不规则椭圆形病斑，或受叶脉限制表现为近长方形，有较明显的紫褐色或深褐色边缘。

（2）椭圆形或纺锤形病斑，扩展不受叶脉限制，病斑较大，呈灰褐色或黄褐色，无明显深色边缘，病斑上有时出现轮纹。

（3）黄褐色坏死小斑点，基本不扩大，周围有明显的黄绿色晕圈，此为抗性病斑。

（二）发生规律

玉米小斑病病原为玉米离蠕孢菌。该菌主要以菌丝体在病残体上越冬，其次是在带病种子上越冬。在适宜温度、湿度条件下，越冬菌源产生分生孢子，随气流传播到玉米植株上，在叶面有水膜的条件下萌发侵入，遇到适宜发病的温度、湿度条件，经 5~7 天即可重新产生分生孢子进行再侵染，造成病害流行。在田间，最初在植株下部叶片发病，然后向周围植株水平扩展、传播扩散，病株达到一定数量后，向植株上部叶片扩展。该病病菌产生分生孢子的适宜温度为 $23.0 \sim 25.0 ℃$，适于田间发病的日均温度为 $25.7 \sim 28.3 ℃$。7—8 月，如果月均温度在 25℃ 以上，雨日雨量多、露日露量多的年份和地区，或结露时间长，田间相对湿度高，则发生重。该病菌对氮肥敏感，拔节期肥力低、植株生长不良，发病早且重；连茬种植、施肥不足，特别是抽雄后脱肥、地势低洼、排水不良、土质黏重、播种过迟等，均利于该病发生。

（三）防控措施

1. 农业防治

选择抗病、耐病品种，加强田间管理，消除越冬病源，做好秸秆还田、病株病叶残体焚烧或深埋，减少病原菌，降低初侵染病源。要合理密植，增施有机肥，合理浇水、排水，及时中耕除草，促使玉米生长健壮，提高抗病力。

2. 药剂防治

做好种子处理：用烯唑醇、福美双包衣剂进行种子包衣，或者用多菌灵、辛硫磷、三唑酮、代森锰锌按种子重量的 0.4% 拌种。当发现叶片上有病斑时，选用 65% 代森锌可湿性粉剂、50% 多菌灵可湿性粉剂或 70% 甲基硫菌灵可湿性粉剂等抗菌类药剂 500~800 倍液喷雾防治，每 5~7 天防治 1 次，连喷 2~3 次，可有效控制小斑病。

四、玉米灰斑病

玉米灰斑病是真菌性病害，又称尾孢叶斑病、玉米霉斑病，除侵染玉米外，还可侵染高粱、香茅、须芒草等多种禾本科植物。玉米灰斑病是近年上升很快、为害较严重的病害之一。

（一）为害症状

玉米灰斑病主要为害玉米叶片，也侵染叶鞘和苞叶。发病初期在叶脉间形成圆形、卵圆形褪绿斑，扩展后成为黄褐色至灰褐色的近矩形、矩形条斑，局限于叶脉之间，与叶脉平行。成熟的矩形病斑中央灰色，边缘褐色，长 5~20 毫米、宽 2~3 毫米。高湿时病斑两面生灰色霉层，背面尤其明显，此时病斑灰黑色，不透明。病斑可相互连接，形成大斑块，造成叶枯。苞叶上易出现纺锤形或不规则形大病斑，病斑上有灰黑色霉层。

（二）发生规律

玉米灰斑病病菌主要随玉米病残体越冬。在干燥条件下保存的玉米病残体中，病原菌的菌丝体、分生孢子梗、分生孢子和子座都能顺利越冬。在潮湿条件下，病原菌只能在田间地表的病残体中越冬，但至翌年 5 月初已基本丧失生活力。在埋于土壤的病残体中，病原菌不能越冬存活。玉米种子也能带菌传病。越冬病原菌在适宜条件下产生分生孢子，分生孢子随气流和雨滴飞溅而传播。落在玉米叶片上时，若叶片上有水膜，分生孢子便萌发，产生芽管和侵入菌丝，从叶片气孔侵入。玉米发病后，病斑上又产生分生孢子梗和分生孢子,分生孢子随风雨传播后进行再侵染。在一个生长季节中,可发生多次再侵染。许多栽培因子也会影响灰斑病的发生。在北方地区,早播发病较重,晚播发病较轻;岗地发病较轻,平地和洼地发病较重。土壤质地对玉米灰斑病也有影响,一般壤土发病较轻,沙土和黏土发病都较重。增施肥料能不同程度地减轻病害,而施用氮肥少、植株生长后期脱肥的地块发病较重。免耕或少耕的田块,病残体积累多,发病也较重。间种比清种玉米发病轻。

(三)防控措施

1. 农业防治

收获后及时清除病残体,减少病源数量;选用抗病、耐病品种,进行大面积轮作、间作;加强田间管理,雨后及时排水,防止地表积水滞留使土壤湿度过大。

2. 药剂防治

发病初期选用75%百菌清可湿性粉剂500倍液、50%多菌灵可湿性粉剂600倍液、30%敌瘟磷乳油800~900倍液、50%苯菌灵可湿性粉剂1 500倍液、25%苯菌灵乳油800倍液或20%三唑酮乳油1 000倍液,每隔7天喷洒1次,交替用药连续喷2~3次效果更好。

五、玉米褐斑病

玉米褐斑病在我国发生十分普遍,由于病害主要发生在玉米生长中后期,一般对产量影响不显著。但在一些感病品种上,常导致玉米生长前期病叶快速干枯,引起产量损失。

(一)为害症状

玉米褐斑病一般从下部叶片开始发病,逐渐向上扩展蔓延。玉米褐斑病从幼苗期到成株期均可发病而造成较大的损失,以抽雄期、灌浆期发病重，随后发病逐渐降低。该病是真菌性病害，病菌主要为害叶片、叶鞘，病斑主要集中在叶片或叶鞘上，病斑初期呈黄色水渍状小斑点，后变为黄褐色或红褐色梭形小斑，病斑中间颜色较浅，边缘色较深。后期病斑破裂，散出黄色粉状物，并形成黑褐色斑点。发病严重时，多个病斑连片，叶片病斑部位干枯，影响叶片光合效率，容易养分不足造成籽粒干瘪。

（二）发生规律

玉米褐斑病病菌以休眠孢子囊在土壤或病残体中越冬。翌年休眠孢子囊随风雨传播，萌发产生游动孢子，游动孢子萌发产生侵入丝，侵入玉米幼嫩组织。玉米多在喇叭口期始见发病，抽穗至乳熟期症状更加明显。

病原菌的休眠孢子囊萌发需要水滴和较高的温度（23～30℃）。高温、高湿、长时间降雨适于发病。南方发病较重；北方夏玉米栽培区若6月中旬至7月上旬降雨多、湿度高，发病相应增多。

实行玉米秸秆直接还田后，田间地面散布较多病残体，侵染菌源增多，发病趋重。植株密度高的田块，地力贫瘠、施肥不足、植株生长不良的田块，发病都较重。

玉米自交系和杂交种间抗病性有明显差异。黄淮海夏玉米区大面积种植的郑单958、鲁单981等杂交种高度感病。据调查，自交系黄早4、掖478、塘四平头、改良瑞德系等高度感病，用感病自交系组配的杂交种也感病。高感病品种连作，土壤中菌量逐年增加，就会导致褐斑病的流行。

（三）防控措施

1. 农业防治

清洁田间病残体，在玉米收获后彻底清除病残体组织，重病地块不宜进行秸秆直接还田，如需还田应充分粉碎，并深翻土壤；增施磷、钾肥，施足底肥，适时追肥，施用充分腐熟的有机肥，注意氮、磷、钾肥搭配；田间发现病株，应立即治疗或拔除；选用抗病、耐病品种。

2. 药剂防治

在玉米4~5叶期或发病初期，选用15%三唑酮可湿性粉剂1 000倍液喷雾，或用12.5%烯唑醇可湿性粉剂1 000倍液喷雾。为了提高植株抗性，可结合喷药，在药液中适当加些叶面宝、磷酸二氢钾、尿素等，一般间隔10~15天交替用药再喷1次，连喷2~3次效果更佳。

六、玉米弯孢菌叶斑病

玉米弯孢菌叶斑病，又名玉米弯孢霉叶斑病，病原为新月弯孢菌。该病在我国各玉米产区均有发生，已成为东北、黄淮海等地区的主要病害之一。主要发生在玉米生长中后期，发病严重时造成叶片枯死，导致产量损失，重病田可减产30%以上。

（一）为害症状

玉米弯孢菌叶斑病主要为害叶片、叶鞘、苞叶。初生褪绿小斑点，逐渐扩展为圆形至椭圆形褪绿透明斑，中间枯白色至黄褐色，边缘暗褐色，四周有浅黄色晕圈，一般为（0.5~4.0）毫米×（0.5~2.0）毫米，大的可达7毫米×3毫米。湿度大时，病斑正背两面均可见灰色分生孢子梗和分生孢子。该病症状变异较大：在有些自交系和杂交种的抗病类型上只有一些白色或褐色小斑点；在感病品种上病斑常连接成片。引起叶片枯死，感病品种病斑外缘具褪绿色或淡黄色晕环。

（二）发生规律

玉米弯孢菌叶斑病病菌以菌丝体或分生孢子在病残体上越冬，遗落于田间的病叶和秸秆上，是主要的初侵染源。病菌分生孢子最适宜萌发温度为 30~32℃，最适宜的湿度为饱和湿度，相对湿度低于90%则很少萌发或不萌发。不同品种之间病情差别较大。玉米苗期对该病的抗性高于成株期，苗期少见发生；9~13叶期易感染该病，抽雄穗后是该病的发生流行高峰期。7—8 月温度、相对湿度、降水量、连续降雨日数与该病发生时期、发生为害程度密切相关。高温、高湿、连续降水，利于该病的快速流行。玉米种植过密、偏施氮肥、管理粗放、地势低洼积水和连作的地块发病重。

（三）防控措施

1. 农业防治

感病植株病残体上的病菌在干燥条件下可安全越冬，在翌年玉米生长前期形成初侵染菌源，轮作换茬和清除田间病残体是有效防治和减少发病的基本措施；还可选用抗病、耐病品种。

2. 药剂防治

在发病初期，田间发病率为10%时喷药防治，有效药剂有甲基硫菌灵、多菌灵等，提倡选用50%腐霉利可湿性粉剂 2 000 倍液。施药方法应掌握在玉米大喇叭口期灌心，效果较喷雾法好，且容易操作。气候条件适宜发病时，1 周后防治第二遍，连续防治 2~3 次效果更佳。

七、玉米青枯病

（一）为害症状

玉米青枯病又称玉米茎基腐病或茎腐病，是世界性的玉米病害，在我国近年来才有严重发生。该病一般在玉米中后期发病，常见的在玉米灌浆期开始发病，乳熟末期到蜡熟期为高峰期，属一种暴发性、毁灭性病害，特别是在多雨寡照、高湿高温气候条件下容易流行，严重者减产 50%左右，发病早的甚至导致绝收。

感病后最初植株表现萎蔫，以后叶片自下而上迅速失水枯萎，叶片呈青灰色或黄色逐渐干枯，表现为青枯或黄枯。

病株雌穗下垂，穗柄柔韧，不易剥落，籽粒瘪瘦，无光泽且脱粒困难。茎基部1~2节呈褐色，失水皱缩、变软，髓部中空，或茎基部2~4节有呈梭形或椭圆形水浸状病斑，绕茎秆逐渐扩大，变褐腐烂，易倒伏。根系发育不良，侧根少，根部呈褐色腐烂，根皮易脱落，病株易拔起。根部和茎部有白色絮状物或紫红色霉状物。

（二）发生规律

引起青枯病的病原菌种很多，在我国主要为镰刀菌和腐霉菌。镰刀菌以分生孢子或菌丝体、腐霉菌以卵孢子在病残体内外及土壤内存活越冬，带病种子是翌年的主要侵染源。病菌借风雨、灌溉、机械、昆虫携带传播，通过根部或根茎部的伤口侵入，或直接侵入玉米根系或植株近地表组织并进入茎节，导致营养和水分输送受阻，叶片青枯或黄枯、茎基缢缩、雌穗倒挂、整株枯死。种子带菌可以引起苗枯。

玉米籽粒灌浆和乳熟阶段遇较强的降水、雨后暴晴、土壤湿度大、气温剧升，往往导致该病暴发成灾。雌穗吐丝期至成熟期，降水多、湿度大，发病重；沙土地、土地瘠薄、排灌条件差、玉米生长弱的田块发病较重；连作、早播发病重。玉米品种间抗病性存在明显差异。

（三）防控措施

1. 农业防治

选用抗病、耐病品种。发病初期及时消除病残体，并集中烧毁；收获后深翻土壤，也可减少和控制侵染源。玉米生长后期结合中耕、培土，增强根系吸收能力和通透性，雨后及时排出田间积水。合理施用硫酸锌、硫酸钾、氯化钾，可降低发病率。

2. 种子处理

用种衣剂包衣，建议选用咯菌·精甲霜悬浮种衣剂包衣种子，能有效杀死种子表面及播种后种子附近土壤中的病菌。

3. 药剂防治

（1）种子处理：每 10 千克种子用 2.5%咯菌腈悬浮种衣剂 10~20 克，或 20%福·克悬浮种衣剂 20~40 克，或 3.5%咯菌·精甲霜悬浮种衣剂 10~15 克，进行种子包衣。

（2）苗期喷雾处理：苗期可在 8~10 叶期用 10%苯醚甲环唑水分散粒剂 2 000 倍液，或 430 克/升戊唑醇水悬浮剂 3 000 倍液喷雾。重点是茎基部及周围土壤，一定要喷匀喷透。

（3）抽雄期至成熟期喷雾处理：玉米抽雄期至成熟期是防治该病的关键时期，病害发生初期可以用 50%多菌灵可湿性粉剂 600 倍液+25%甲霜灵可湿性粉剂 500 倍液，或 70%甲基硫菌灵可湿性粉剂 800 倍液+40%三乙膦酸铝可湿性粉剂 300 倍液+65%代森锌可湿性粉剂 600 倍液淋根基，间隔 7~10 天喷 1 次，连喷 2~3 次。

八、玉米丝黑穗病

玉米丝黑穗病又称乌米、灰包、哑玉米。病原为丝轴黑粉菌。该病遍布世界各玉米区，我国以北方春玉米区、西南丘陵山地玉米区和西北玉米区发病较重。一般年份发病率在 2%~8%，个别地块达 60%~70%，造成玉米产量损失惨重。

（一）为害症状

玉米丝黑穗病是幼苗侵染和系统侵染的病害。苗期植株矮化、节间缩短、植株弯曲、叶片密集、叶色浓绿并有黄白条纹，到抽雄或出穗后甚至到灌浆后期才表现出明显病症。病株的雄穗、雌穗均可感染。雄穗全部或部分小花受害，花器变形，颖片增长成叶片状，不能形成雄蕊，小花基部膨大形成菌瘿，呈灰褐色，破裂后散出大量黑粉（即病菌的冬孢子），发病重的整个花序被破坏变成黑穗。果穗感病后外观短粗，无花丝，苞叶叶舌长而肥大，大多数苞叶外全部果穗被破坏变成菌瘿，成熟时苞叶开裂散出黑粉孢子，内混有许多丝状物即残留的维管束组织，故名丝黑穗病。发病严重时，病株丛生，果穗畸形，不结实。多见的是雄花和果穗都表现黑穗症状，少数病株只有果穗成黑穗而雄花正常，雄花成黑穗而果穗正常的极少见到。

（二）发生规律

玉米丝黑穗病病菌的冬孢子混杂在土壤、粪肥中或黏附在种子表面越冬。带菌土壤和粪肥是主要侵染菌源。冬孢子在田间土壤中可存活 2~3 年。用带菌病残体、病土沤肥，若未腐熟，冬孢子仍有侵染能力。用病秸秆做饲料，冬孢子经过牲畜消化道后，并不会完全死亡。

越冬后的冬孢子，在适宜条件下萌发，产生担孢子，不同性别的担孢子萌发后相互结合，产生侵染菌丝。玉米丝黑穗病病菌的主要侵入部位是胚芽鞘和胚根。从种子萌发到 7 叶期，病原菌都能侵入发病，到 9 叶期不再侵入。出土前的幼芽期是主要侵入阶段，芽 2~3 厘米时最易侵入。病原菌侵入后，菌丝系统扩展，进入生长锥，最后进入果穗和雄穗。玉米丝黑穗病没有再侵染现象。

病田连作，施用未腐熟的带菌堆肥、厩肥都可导致菌量增加，发病加重。玉米种子萌发和出苗阶段的环境条件对侵染发病有重要影响，在地温 13~35℃ 范围内，病原菌都能侵染，16~25℃ 为侵染适宜温度，22℃ 时侵染率最高。土壤含水量在 15.5% 时发病率最高，土壤过干或过湿，发病率都能有所降低。各茬玉米中以春玉米发病最重，麦套玉米次之，夏玉米较轻。播种早、地温低、幼苗生长缓慢，玉米易感阶段拉长，侵染率增高。

（三）防控措施

1. 农业防治

选用抗病、耐病品种；在玉米播种前和收获后及时清除田边、沟边残病株；避免连作，合理轮作，减少病原菌；结合间苗、定苗，及时拔除病株，摘除感病菌囊、菌瘤并深埋，以减少病原菌传播概率；施用充分腐熟的玉米秸秆有机厩肥、堆肥，防止病菌随粪肥传入田内；加强栽培管理，促进早出壮苗，提高自身抗病能力。

2. 土壤、种子处理

播种前药剂处理杀菌，多用50%多菌灵可湿性粉剂或者40%五氯硝基苯粉剂，按种子重量的0.5%~0.7%拌种。发病较重田块，麦收后播种前用0.1%五氯硝基苯或0.1%多菌灵进行土壤处理，防病效果较好。

3. 药剂防治

前期可结合防治其他病虫害喷施化学控制药物时，每亩加入50%多菌灵可湿性粉剂50~75克，或每亩加入三唑酮类杀菌剂乳油15~20毫升，或者加入代森锌、代森锰锌杀菌剂配制成600倍液预防。在该病害初发期用药防治，间隔7~10天防治1次，连续用药2~3次效果更佳。

第二节　玉米虫害

一、草地贪夜蛾

草地贪夜蛾属鳞翅目夜蛾科，俗称秋黏虫，它的适生范围广，除了玉米外，还会寄生于甘蔗、高粱、谷子上，甚至在一些杂草上也能生存。2023年，草地贪夜蛾被农业农村部列入我国

《一类农作物病虫害名录（2023）》。

（一）为害症状

在玉米上，1~3龄幼虫通常隐藏在心叶、叶鞘等部位取食，形成半透明薄膜状"窗孔"；低龄幼虫还会吐丝，借助风扩散转移到周边的植株上继续为害；4~6龄幼虫对玉米的为害更为严重，取食叶片后形成不规则的长形孔洞，可将整株玉米的叶片取食光，也会钻蛀心叶、未抽出的雄穗及幼嫩雌穗，影响叶片和果穗的正常发育。苗期严重被害时生长点被破坏，形成枯心苗。

（二）发生规律

草地贪夜蛾无滞育现象，适宜发育温度为11~30℃，在28℃条件下，30天左右即可完成1个世代。雌虫、雄虫均可多次交配，单头雌虫可产卵块10块以上，卵量约1 500粒。

（三）防控措施

1. 生态调控技术

充分利用生物多样性和生态调控措施。科学选择种植抗耐虫品种，或在田边分批种植甜糯玉米诱虫带集中歼灭。

2. 种子处理技术

选择含有氯虫苯甲酰胺、溴酰·噻虫嗪等成分的种衣剂实施种子包衣或药剂拌种，防治苗期草地贪夜蛾。

3. 理化诱杀技术

在成虫发生高峰期，采取高空杀虫灯、性诱捕器以及食诱剂等理化诱控措施，诱杀成虫，干扰交配，减少田间落卵量。在集中连片种植区，按照每亩设置1个诱捕器的标准全生育期应用性诱剂诱杀成虫。随着作物生长，应注意调节诱捕器高度，根据诱芯持效期及时更换诱芯，确保诱杀效果。

4. 生物防治

作物全生育期注意保护利用夜蛾黑卵蜂等寄生性天敌和益螨

等捕食性天敌，在草地贪夜蛾卵期积极开展人工释放夜蛾黑卵蜂、螟黄赤眼蜂等天敌控害技术。抓住低龄幼虫期，选用苏云金杆菌、核型多角体病毒、金龟子绿僵菌、球孢白僵菌、印楝素等生物农药喷施或撒施，持续控制草地贪夜蛾种群数量。

5. 科学用药

以保苗、保心叶、保穗为重点，卵、虫兼治，对虫口密度高、集中连片发生区域，抓住产卵高峰期和低龄幼虫期实施统防统治和联防联控；对分散发生区实施重点挑治和点杀点治。可选用氯虫苯甲酰胺、乙基多杀菌素、虱螨脲和甲氨基阿维菌素苯甲酸盐等，注重农药的交替使用、轮换使用、安全使用，合理搭配助剂提高防控效果。

二、玉米螟

（一）为害症状

玉米螟是世界性玉米主要害虫，广泛分布于全国各玉米种植区，严重降低了玉米的产量和品质，大发生时使玉米减产30%以上。除玉米外，该虫还寄生高粱、谷子、水稻、大豆、棉花等多种农作物。

玉米螟是钻蛀性害虫，幼虫钻蛀取食心叶、茎秆、雄穗和雌穗。幼虫蛀穿未展开的嫩叶、心叶，使展开的叶片出现一排排小孔。

幼虫可蛀入茎秆，取食髓部，影响养分输导，受害植株籽粒不饱满，被蛀茎秆易被大风吹折。幼虫钻入雄花序，使之从基部折断。幼虫还取食雌穗的花丝和嫩苞叶，并蛀入雌穗，食害幼嫩籽粒，造成严重减产。玉米螟蛀孔处常有锯末状虫粪。

（二）发生规律

因各地气候条件不同，玉米螟1年发生1~7代不等，均以末代老熟幼虫在作物的茎秆、穗轴或根茬内越冬，也有的在杂草茎秆中越冬。玉米秸秆中越冬虫量最大，穗轴中次之。翌年春季越冬幼虫陆续化蛹，羽化。成虫飞翔能力强，有趋光性，白天潜伏在作物或杂草丛中，夜间活动和交配。雌蛾在株高50厘米以上将要抽雄的植株上产卵，卵多产在叶背面中脉两侧，少数产在茎秆上。每只雌蛾产卵10~20块，每个卵块有卵20~50粒不等。产卵期7~10天。幼虫有5个龄期，3龄以前潜藏，4龄以后钻蛀为害。幼虫具有趋湿、趋糖、避光等特性。孵化后选择诸如心叶、茎秆、花丝、穗苞等湿度较高、含糖量较高且便于隐藏的部位定居。老熟后在为害部位附近化蛹。

在我国北方，1代卵产于春播玉米心叶期，幼虫孵化后先取食卵壳，然后爬行分散，也能吐丝下垂，随风飘落到邻近植株上，取食未展开的嫩叶。以后又相继取食雄穗穗苞和下移蛀茎。2代螟卵一般产在玉米花丝盛期，幼虫大量侵入花丝丛取食，4~5龄后取食雌穗籽粒，钻入穗轴，蛀入雌穗柄或下部茎秆。1代玉米螟为害最重，冬前虫量大，越冬成活率高，常造成1代严重发生。近年来有些地方2代玉米螟的为害已重于1代。玉米螟各代发生期不整齐，有世代重叠现象。

玉米螟的发生量与越冬基数、气象条件、天敌数量、栽培管理等诸因素密切相关。玉米螟发生的适宜温度为15~30℃，相对湿度为60%以上。在旬均温20℃以上、降雨较多、旬平均相对湿度70%左右的条件下，玉米螟盛发。北方春播改夏播的地区，春播玉米面积缩小，1代玉米螟缺乏适宜寄主，虫害发生量减少，从而显著减轻了夏播作物上2代、3代玉米螟的为害。

(三) 防控措施

应采取以生物防治为主导、化学和物理防治为补充的绿色防控治理策略，根据不同生态区玉米螟的发生特点，集成防控关键技术。

1. 农业防治

要积极选育或引进抗螟高产品种。在秋收之后至冬季越冬代化蛹前，把主要越冬寄主作物的秸秆、根茬、穗轴等，采用焚烧、机械粉碎、饲用或封垛等多种办法处理，以消灭越冬虫源。要因地制宜地实行耕作改制，在夏玉米2~3代玉米螟发生区，要酌情减少玉米、高粱、谷子的春播面积，以减轻夏玉米受害。可设置早播诱虫田或诱虫带，种植早播玉米或谷子，诱集玉米螟成虫产卵，然后集中消灭。在严重为害地区，还可在玉米打苞抽雄期，隔行人工去除2/3的雄穗，带出田外烧毁或深埋，消灭为害雄穗的幼虫。

2. 诱集成虫

设置黑光灯和频振式杀虫灯诱杀越冬代成虫，阻断产卵。还可在越冬代成虫羽化初期开始使用性诱剂诱杀。

3. 药剂防治

防治春玉米1代幼虫和夏玉米2代幼虫，可在心叶末期喇叭口内施用颗粒剂。1%或1.5%辛硫磷颗粒剂，每亩用药1~2千克，使用时加5倍细土或细河沙混匀，撒入喇叭口；0.3%辛硫磷颗粒剂，每株用药2克，施入喇叭口内；1%或2%高效氯氰菊酯颗粒剂，拌10~15倍煤渣颗粒施用，每株用药1.5克；15%毒死蜱颗粒剂，每株用药1~2克。

也可用80%敌百虫可溶性粉剂1 000~1 500倍液、50%敌敌畏乳油1 000倍液等灌心叶（每株用药液10毫升）。在玉米螟卵孵化盛期，还可喷施24%甲氧虫酰肼悬浮剂，防治1代玉米螟，每亩用药25毫升，兑水25升喷雾，但要将药液喷在玉米喇叭口内。穗期玉米螟的防治，可在玉米抽丝60%时，用上述有机磷或菊酯类颗粒剂撒在雌穗着生节的叶腋，以及其上两叶、其下一叶的叶腋和穗顶花丝上。

三、黏虫

(一) 为害症状

黏虫是农作物的主要害虫之一,具有多食性和暴食性,主要为害玉米、高粱、谷子、麦类、水稻、甘蔗等禾本科作物和杂草,大发生时也为害棉花、麻类、烟草、甜菜、苜蓿、豆类、向日葵及其他作物。

黏虫是食叶性害虫,1~2 龄幼虫聚集为害,在心叶或叶鞘中取食,啃食叶肉残留表皮,造成半透明的小条斑。3 龄后幼虫食量大增,开始啃食叶片边缘,咬成不规则缺刻。5~6 龄幼虫为暴食阶段,可将叶肉吃光,仅剩主脉。黏虫可使玉米果穗秃尖、籽粒干瘪,造成减产或绝收。

(二) 发生规律

玉米黏虫 1 年发生世代数全国各地不一,东北、内蒙古 1 年发生 2~3 代,华北中南部 3~4 代,江苏淮河流域 4~5 代,长江流域 5~6 代,华南 6~8 代。海拔 1 000 米左右高原地区 1 年发生 3 代,海拔 2 000 米左右高原地区则发生 2 代,各地由于地势不同,世代数亦有一些变化。

玉米黏虫属迁飞性害虫,其越冬分界线在北纬 33°一带,在北纬 33°以北地区任何虫态均不能越冬。在江西、浙江一带,以幼虫和蛹在稻桩、田埂杂草、绿肥田、麦田表土下等处越冬。在广东、福建南部终年繁殖,无越冬现象。北方春季出现的大量成虫是由南方迁飞所至。

(三) 防控措施

1. 人工诱虫、杀虫

从成虫羽化初期开始,在田间设置糖醋液诱虫盆,诱杀尚未产卵的成虫。糖醋液配比为红糖3份、白酒1份、食醋4份、水2份，加90%晶体敌百虫少许，调匀即可。配置时先称出红糖和敌百虫，用温水溶化，然后加入醋、酒。诱虫盆要高出作物30厘米左右，诱剂保持3厘米深，每天早晨取出蛾子，白天将盆盖好，傍晚开盖，5~7天换诱剂1次。还可用杨枝把或草把诱虫。取几条1~2年生叶片较多的杨树枝条，剪成约60厘米长，将基部扎紧就制成了杨枝把。将其阴干1天，待叶片萎蔫后便可倒挂在木棍或竹竿上，插在田间，在成虫发生期诱蛾。小谷草把或稻草把也可用于诱蛾，每亩插60~100个，可在草把上洒糖醋液，每5天更换1次，换下的草把要烧毁。

成虫趋光性强，在成虫交配产卵期，在田间安置杀虫灯，灯间距100米，在夜间诱杀成虫。

在卵孵化盛期，可顺垄人工采卵，连续进行3~4次。在大发生年份，如幼虫虫龄已大，可利用其假死性，击落捕杀或挖沟阻杀，防止幼虫迁移。

2. 药剂防治

根据虫情测报，在幼虫3龄前及时喷药。用苯甲酰脲类杀虫剂有利于保护黏虫天敌。20%除虫脲悬浮剂每亩用10毫升，常量喷雾加水75千克，或用弥雾机喷药加水12.5千克，配成药液施用。喷雾法施药还可用80%敌百虫可溶性粉剂1 000~1 500倍液、80%敌敌畏乳油2 000~3 000倍液、50%马拉硫磷乳油1 000~1 500倍液、50%辛硫磷乳油1 000~1 500倍液、2.5%溴氰菊酯乳油3 000~4 000倍液等。

喷粉法施药可用2.5%敌百虫粉剂，每亩喷2.0~2.5千克。还可用50%辛硫磷乳油0.7千克，加水10千克稀释后拌入50千克煤渣颗粒，顺垄撒施。

四、棉铃虫

（一）为害症状

棉铃虫为主要农业害虫，分布广泛，寄主植物多达 200 余种，主要为害玉米、棉花、麦类、豌豆、苜蓿、向日葵、茄科蔬菜等。近年来棉铃虫对玉米的为害明显加重，夏玉米田平均减产 5%～10%，严重的可达 15% 以上。初龄幼虫取食嫩叶、花丝和雄花，3 龄以后蛀果为害，多钻入玉米心叶内，食害果穗，5～6 龄进入暴食期。幼虫取食的叶片出现孔洞或缺刻，有时咬断心叶，造成枯心。在叶片上形成排孔，但孔洞粗大，形状不规则，边缘不整齐。幼虫可咬断花丝，造成籽粒不育。为害果穗时，多在果穗顶部取食，少数从中部苞叶蛀入果穗，咬食幼嫩籽粒，粪便沿虫孔排出。

（二）发生规律

我国各地发生的代数不同，东北、西北、华北北部 1 年发生 3 代，黄淮流域 4 代，长江流域 4～5 代，华南 6～8 代。在黄淮流域，9 月下旬至 10 月中旬老熟幼虫入土，在 5～15 厘米深处筑土室化蛹越冬。主要越冬场所在棉田、玉米田，其次为菜地和杂草地。翌年 4 月下旬至 5 月中旬，当气温升至 15℃ 以上时，越冬代成虫羽化。1 代幼虫主要为害春玉米、小麦、豌豆、苜蓿、番茄等作物，麦田发生最多。6 月上旬和中旬入土化蛹，6 月中旬和下旬 1 代成虫盛发，大量成虫迁入棉田产卵。2 代和 3 代幼虫主要为害棉花，也为害玉米、蔬菜等作物。8 月下旬至 9 月发生 4 代幼虫，蛀食棉铃、夏玉米果穗、高粱穗部。通常 9 月下旬以后陆续进入越冬。

在甘肃河西走廊，玉米田棉铃虫 1 年发生 3 代，以蛹在玉米田土壤中越冬。越冬代成虫以本地虫源为主，还有来自外地的虫源。外地虫源比本地虫源发生期早 30 天左右。2 代幼虫为害玉米最重，始卵期在 7 月中旬，正值玉米大喇叭口期至抽雄初期。

卵孵化盛期在 7 月下旬，处于开花授粉阶段。卵终见期为 8 月上旬。

成虫吸食花蜜，在夜间活动，白天隐蔽。有趋光性，杨树枝对成蛾的诱集力强。在玉米植株上，卵多产于吐出不久的花丝上和刚抽出的雄花序上，也产于苞叶、叶片和叶鞘上。每只雌蛾可产卵 100～200 粒。卵散产，每处 1～5 粒不等。初龄幼虫取食嫩叶、幼嫩的花丝和雄花，3 龄以后多食害果穗，幼虫有转株为害习性。末龄幼虫入土化蛹。

棉铃虫属喜温喜湿性害虫，成虫产卵适宜温度在 23℃以上，20℃以下很少产卵。幼虫发育以 25～28℃和相对湿度 75%～90% 最为适宜。在北方尤以湿度的影响最为显著。月降水量在 100 毫米以上，相对湿度在 70% 以上时为害严重。但雨水过多会造成土壤板结，不利于幼虫入土化蛹，蛹的死亡率也增高。暴雨可冲掉棉铃虫卵，对其也有抑制作用。水肥条件好、长势旺盛的棉田、玉米田，间作、套种的玉米田都适于棉铃虫发生。近年麦、棉套种面积增加，对 4 代棉铃虫发生十分有利，为翌年棉铃虫发生提供了较多的虫源。棉铃虫的天敌较多，有赤眼蜂、茧蜂、姬蜂、寄蝇、蜘蛛、草蛉、瓢虫、螳螂、小花蝽等 60 多种，这些天敌有明显的控制作用。

（三）防控措施

棉铃虫为害的作物种类多，虫源转移关系复杂，防治工作应统筹安排。玉米田在害虫量很少时，可结合其他害虫的防治予以兼治。当害虫量增多时，或玉米田在当地棉铃虫虫源转移中起重要作用时，需采取针对性防治措施。

1. 农业防治

玉米收获后及时耕翻耙地，实行冬灌，消灭棉铃虫的越冬蛹。在棉田种植春玉米诱集带，诱集棉铃虫成虫产卵，及时捕蛾灭卵，在玉米地边也可种植洋葱、胡萝卜等诱集植物。在成虫发生期设置诱虫灯、性诱剂、杨树枝把等诱杀成虫。

2. 药剂防治

抓住施药关键期，在棉铃虫幼虫 3 龄以前施药。用于喷雾的药剂有 50%辛硫磷乳剂 1 000～1 500 倍液、44%丙溴磷乳油 1 500 倍液、45%丙溴·辛硫磷乳油 1 000～1 500 倍液、44%氯氰·丙溴磷乳油 2 000～3 000 倍液、2.5%氯氟氰菊酯乳油 2 000 倍液、4.5%高效氯氰菊酯乳油 1 500～2 000 倍液、43%辛硫·氟氯氰乳油 1 500 倍液、15%茚虫威悬浮剂 4 000～5 000 倍液、75%硫双威可湿性粉剂 3 000 倍液、5%氟铃脲乳油 2 000～3 000 倍液、50 克/升氟虫脲可分散液剂 1 000 倍液或 1.8%阿维菌素 4 000～5 000 倍液等。喷药需在早晨或傍晚进行，喷药要细致周到。长期使用单一品种农药，可使棉铃虫的抗药性增强，防治效果下降，因此要合理轮换交替用药。

3. 生物防治

要保护和利用棉铃虫天敌，施用杀虫剂时，要选择对其天敌杀伤较轻的品种、剂型或施药方法。在棉铃虫卵孵化盛期，可人工释放赤眼蜂（每亩 1.5 万～2 万只）。在产卵高峰期至幼虫孵化盛期可喷苏云金杆菌制剂或棉铃虫核型多角体病毒制剂。喷施棉铃虫核型多角体病毒制剂时，若使用含量为 10 亿 PIB/克的制剂（PIB，多角体的英文缩写，用以表示病毒浓度的单位），每亩用药量为 100 克左右；使用含量为 600 亿 PIB/克的制剂，每亩用药量为 2 克左右，均加水稀释后，进行常规喷雾或弥雾机喷雾。

五、蚜虫

（一）为害症状

蚜虫是玉米的主要害虫，在为害玉米的多种蚜虫中，以玉米蚜和禾谷缢管蚜最常见。玉米蚜又名玉米缢管蚜，禾谷缢管蚜又名粟缢管蚜或小米蚜，都分布在全国各地，还可为害谷子、高粱、麦类、水稻等禾本科作物及多种禾本科杂草。

成蚜、若蚜群聚玉米叶片、叶鞘、雄穗、雌穗苞叶等处，刺吸植物组织的汁液，引致叶片等受害部位变色，生长发育受阻，严重时导致植株枯死。蚜虫还分泌蜜露，使受害部位"起油"发亮，后生霉变黑。蚜虫可传播玉米矮花叶病毒和大麦黄矮病毒等主要植物病毒。

（二）发生规律

1. 玉米蚜

在华北1年可繁殖20代左右，以成蚜、若蚜在冬小麦或禾草心叶内越冬。春季3月，温度回升到7℃左右时开始活动，随着小麦植株生长而向上部移动，集中在新产生的心叶内繁殖为害，抽穗后大都迁移到无效分蘖上为害，很少在穗部为害。4月下旬至5月上旬，陆续产生大批有翅蚜，迁往玉米、高粱、谷子或禾草上繁殖。春玉米抽雄后，多集中在雄穗上为害，乳熟后又转移到夏玉米上。9—10月夏玉米老熟，又产生大量有翅蚜，迁移到向阳处禾草上和冬小麦麦苗上，繁殖1~2代后越冬。

在黑龙江省，玉米蚜1年发生10代左右，以成蚜、若蚜在禾本科植物心叶、叶鞘内或根际越冬。5月底至6月初产生大批有翅蚜，迁飞到玉米上为害，8月上旬和中旬是为害盛期。在长江流域，1年发生20多代，以成蚜、若蚜在大麦、小麦或禾草心叶内越冬。春季3—4月开始活动为害，4—5月麦类黄熟后产生大量有翅蚜，迁往春玉米、高粱、水稻田持续繁殖为害。春玉米乳熟期以后，又产生有翅蚜，迁往夏玉米上繁殖为害。秋末有翅蚜迁往小麦或其他越冬寄主。玉米蚜终生为孤雌生殖，虫口数量快速增多。高温干旱年份发生较多。在玉米生长中后期，旬均温 23~28℃，旬降水量低于 20 毫米时，有利于玉米蚜猖獗发生。

2. 禾谷缢管蚜

1 年发生 10~20 代。在北方寒冷地区，禾谷缢管蚜生活史为异寄主全周期型。以受精卵在桃、李、梅、榆叶梅等李属植物（第一寄主）上越冬，翌年春季越冬卵孵化为干母，以后干母胎生无翅雌蚜，即干雌。干雌繁殖几代后，产生有翅雌蚜。初夏，有翅雌蚜迁到禾本科植物（第二寄主）上繁殖为害，持续孤雌生殖，产生无翅孤雌蚜和有翅孤雌蚜。寄主衰老后，产生有翅蚜（性母），迁回越冬寄主，性母产生雌、雄性蚜，两者交配后产卵越冬。

在我国中部、南部各麦区，禾谷缢管蚜不产生有性蚜，全年在禾本科植物上孤雌生殖，属不全周期生活史。在冬麦区或冬麦、春麦混种区，秋末冬小麦出苗后，为害秋苗，继而以无翅孤雌成蚜和若蚜在麦苗根部、近地面叶鞘和土缝内越冬，若天气暖和仍可活动。春季继续为害小麦，麦收后转移到玉米、谷子、糜子、自生麦苗、禾本科杂草上为害。秋季迁回麦田繁殖为害。禾谷缢管蚜在 30℃ 左右发育最快，不耐低温，在 1 月平均气温为 -2℃ 的地方就不能越冬。喜高湿，不耐干旱，不适于在年降水量低于 250 毫米的地区发生。

（三）防控措施

蚜虫的防治应兼顾各种寄主作物，统筹安排。

1. 农业防治

及时清除田埂、地边杂草与自生麦苗，减少蚜虫越冬和繁殖场所。搞好麦田蚜虫防治，减少虫源。发生严重的地区，可减少夏玉米的播种面积。玉米自交系、杂交种间抗蚜性有明显差异，应尽量选用抗蚜自交系与杂交种。

2. 药剂防治

要慎重选择防治药剂，应选用对蚜虫天敌安全的药剂，如抗蚜威、吡虫啉、生物源农药等。要改进施药技术、调整施药时间，减少用药次数和数量，避开蚜虫天敌大量发生时施药。根据虫情，挑治重点田块和虫口密集田，尽量避免普治，以减少对蚜虫天敌的伤害。

在玉米心叶期发现有蚜株后即可针对性施药，有蚜株率达到30%~40%，出现"起油株"时应进行全田普治。防治蚜虫的有效药剂较多，要轮换使用，防止蚜虫产生抗药性。常用药剂和每亩用药量如下：50%抗蚜威可湿性粉剂10~15克、10%吡虫啉可湿性粉剂20克、24%抗蚜·吡虫啉可湿性粉剂20克、40%毒死蜱乳油50~75毫升、25%吡蚜酮可湿性粉剂16~20克、3%啶虫脒可湿性粉剂10~20克（南方）或30~40克（北方）、2.5%高效氯氰菊酯乳油25~30毫升、4.5%高效氯氰菊酯40毫升，皆兑水30~50千克常量喷雾，也可兑水15千克用弥雾机低容量喷雾。

六、双斑萤叶甲

（一）为害症状

双斑萤叶甲又称双斑长跗萤叶甲。双斑萤叶甲为害作物叶片，在玉米上常咬断或取食花丝、雄蕊、雌穗，影响玉米授粉结实，一般造成玉米产量损失达15%左右。

先顺叶脉取食叶肉，并逐渐转移到嫩穗上，取食玉米花丝、初灌浆的嫩粒。成虫有群聚为害习性，往往在单株作物上自下而上取食，而邻近植株受害轻或不受害。

（二）发生规律

在北方1年发生1代，以卵在土壤中越冬。翌年5月越冬卵开始孵化，出现幼虫。幼虫有3龄，幼虫期约30天，在土壤中活动，取食植物根部。老熟幼虫在土壤中筑土室化蛹，蛹期7~10天。成虫7月初开始出现，成虫期长达3个多月，一直延续至

10月。成虫通常先取食田边杂草，不久转移到玉米田、豆田或其他作物田间为害，7—8月为成虫为害盛期。成虫在白天活动，气温高于15℃时成虫活跃，能跳跃和短距离飞翔，有群集性、趋嫩性和弱趋光性。成虫羽化后20多天即交尾产卵。卵产在表土缝隙中或植物叶片上，散产或几粒黏结在一起。每只雌虫每次产卵10~12粒。

高温干旱有利于双斑萤叶甲的发生。在19~30℃范围内，随温度的升高，卵发育速率加快。干旱年份降雨减少，发生加重，多雨年份发生较轻，暴雨更不利于该虫生存。农田生态条件对其也有明显影响，黏土地发虫早而重，壤土地、沙土地发虫则较轻。免耕田和杂草多、管理粗放的农田发生较重。

（三）防控措施

1. 农业防治

秋耕冬灌，清除田间地边杂草，减少双斑萤叶甲的越冬寄主植物，降低越冬基数；在玉米生长期合理施肥，提高植株的抗逆性；对双斑萤叶甲为害重的田块应及时补水、补肥，促进玉米的营养生长及生殖生长。

2. 人工防治

该虫有一定的迁飞性，可用捕虫网捕杀，降低虫口基数。

3. 生物防治

合理使用农药，保护利用双斑萤叶甲天敌。双斑萤叶甲的天敌主要有瓢虫、蜘蛛、螳螂等。

4. 药剂防治

由于该虫越冬场所复杂，因此在防治策略上坚持以"先治田外，后治田内"的原则防治成虫。6月下旬就应防治田边、地头、渠边等寄主植物上羽化出土的成虫；7月下旬在玉米抽雄、吐丝前，百株玉米双斑萤叶甲成虫虫口达300头，或被害株率达

30%时进行防治。每亩选用25%噻虫嗪水分散粒剂2克或生物制剂棉铃虫核型多角体病毒每亩30克兑水喷雾都具有很好的防治效果。如药剂持效期长，药后7天防效在90%以上，值得在生产上试验、推广应用。应统一防治双斑萤叶甲，施药时间应选在清晨或傍晚为宜。

七、叶螨

（一）为害症状

为害玉米的叶螨主要有截形叶螨、二斑叶螨、朱砂叶螨3种。叶螨一般在玉米抽穗后开始为害，在发生早的年份，6叶期玉米即遭受为害。成螨和若螨聚集在叶片背面，刺吸叶片中的养分，有吐丝结网的习性。植株发病一般下部叶片先受害，逐渐向上蔓延。为害轻者叶片产生黄白斑点，以后呈赤色斑纹；为害重者出现失绿斑块，叶片卷缩，呈褐色，如同火烧一样干枯，叶片丧失光合作用，严重影响营养物质运输、积累，造成玉米籽粒产量和品质下降，千粒重降低。

（二）发生规律

叶螨主要为两性生殖，在缺乏雄螨时，也能进行孤雌生殖，每年可繁殖10代以上。

朱砂叶螨在北方1年发生10~15代，在长江流域及以南地区1年发生15~20代。以雌成螨在作物和杂草根际或土缝里越冬。早春越冬成螨开始活动，取食产卵。春玉米出苗后即可受害，6月在春玉米和麦套玉米田常点片发生，7—8月常猖獗发生，春、夏玉米受害严重。朱砂叶螨在玉米叶背活动，先为害下部叶片，渐向上部叶片转移。在玉米植株上垂直扩散靠爬行，并以上迁为主，在株间迁移以吐丝飘移为主。卵散产在叶背中脉附近。气象条件和耕作制度对叶螨种群消长影响很大。其繁殖为害的最适宜温度为 22~28℃，高温、干旱、少雨年份发生较重。大雨冲刷可使螨量快速减少。麦套玉米受害面积容易扩大，由于麦季食料充足，有利于叶螨的大量繁殖。

二斑叶螨每年繁殖 10~20 代，主要以受精的雌成螨群集越冬，越冬场所是杂草根际、土缝内或棉田枯枝落叶下。春季出蛰后在杂草、春作物上取食产卵。玉米是二斑叶螨的重要寄主。

（三）防控措施

1. 农业防治

秋收后清除田间玉米秸秆、枯枝落叶等植物残体，深翻土地，将土壤表层越冬虫体翻入深层致死。实行冬灌，早春清除田间地边和沟渠旁杂草，以减少叶螨越冬和繁殖存活的场所。在作物生长期间，适时进行中耕除草和灌溉。在玉米大喇叭期增施速效肥，增强抗螨能力，减轻损失。及时摘除玉米下部 1~5 片染虫叶片，带至田外烧毁。玉米要尽量避免与豆类、棉花、瓜菜等叶螨喜食作物间作套种，有条件的地方应推行水旱轮作。在重发生区应种植抗旱性强的抗螨玉米品种。

2. 药剂防治

可用 15%哒螨灵乳油 2 000~2 500 倍液，或 1.8%阿维菌素 3 000 倍液喷洒植株，可兼治玉米蚜虫、灰飞虱等。

八、玉米叶夜蛾

（一）为害症状

玉米叶夜蛾又名甜菜夜蛾，分布广泛，寄主种类多达 170 余种，其中包括玉米、高粱、谷子、甜菜、棉花、大豆、花生、烟草、苜蓿、蔬菜等。该虫具有暴发性，猖獗发生年份可造成作物产量重大损失，近年来有加重发生的趋势。

幼虫取食叶片。低龄幼虫在叶片上咬食叶肉，残留一侧表皮，呈透明斑点状；大龄幼虫将叶片吃成孔洞或缺刻，严重的将叶片吃成网状。为害幼苗时，甚至可将幼苗吃光。

（二）发生规律

玉米叶夜蛾在华北1年发生3~4代，在陕西省、山东省等地发生4~5代，长江流域发生5~6代，世代重叠。在长江以北以蛹在土室内越冬，在其他地区各虫态都可越冬，在亚热带和热带地区无越冬现象。

成虫白天潜伏在土缝、土块、杂草丛中及枯叶下等隐蔽处。夜晚活动，成虫趋光性强，趋化性稍弱。卵产于叶片背面，聚产成块，卵块单层或双层，卵块上覆盖灰白色绒毛。幼虫一般5龄，少数6龄。3龄前幼虫群集叶背，吐丝结网，在内取食，食量小。3龄后幼虫分散取食，4龄后幼虫食量剧增。幼虫杂食性，昼伏夜出，畏阳光，受惊后卷成团，坠地假死。幼虫老熟后入土，吐丝筑室化蛹，化蛹深度多为0.2~2.0厘米。

玉米叶夜蛾具有间歇性发生的特点，不同年份发虫量差异很大。玉米叶夜蛾对低温敏感，抗寒性弱。不同虫期的抗寒性又有差异，蛹期和卵期抗寒性稍强，成虫和幼虫抗寒性较弱。成虫在0℃条件下，几天甚至几小时后死亡，幼虫在2℃时几天后大量死亡。若以抗寒性弱的虫期进入越冬期，冬季又长期低温，则幼虫越冬死亡率高，翌年春季发虫少。

（三）防控措施

1. 诱杀成虫

在成虫数量开始上升时，可用黑光灯、高压汞灯或糖醋液诱杀成虫。也可利用玉米叶夜蛾性诱剂诱杀雄虫。

2. 农业防治

铲除田边地头的杂草，减少玉米叶夜蛾滋生场所；化蛹期及时浅翻地，消灭翻出的虫蛹；利用幼虫假死性，将白纸或黄纸平铺在垄间，振动植株，幼虫即落到纸上，人工捕捉后集中杀死；晚秋或初冬翻耕，可消灭越冬蛹。

3. 药剂防治

大龄幼虫抗药性很强，应在幼虫 2 龄以前及时喷药防治。在卵孵化期和 1~2 龄幼虫盛期施药，用 5%高效氯氰菊酯乳油 1 500倍液与菊酯伴侣 500~700 倍液混合于傍晚喷雾。也可用 2.5%氟氯氰菊酯乳油 1 000 倍液+50 克/升氟虫脲可分散液剂 500 倍液混合喷雾，或 10%氯氰菊酯乳油 1 000 倍液+5%氟虫脲乳油 500 倍液混合喷雾。晴天在清晨或傍晚施药，阴天全天都可施药。

对大龄幼虫或已经产生抗药性的幼虫，可选用 10%虫螨腈悬浮液 1 000~1 500 倍液、48%毒死蜱乳油 1 000~1 500 倍液、5%氯虫苯甲酰胺悬浮剂 1 500 倍液、15%茚虫威悬浮剂 3 500 倍液或 20%氟虫双酰胺水分散粒剂 2 500 倍液等喷雾。

第四章　马铃薯重大病虫害防控技术

第一节　马铃薯病害

一、晚疫病

晚疫病是马铃薯病害中发生较为普遍、为害较为严重的一种病害，多年来大面积发生成灾。在多雨、气候冷湿的年份，受害植株提前枯死，损失可达20%~40%。

（一）为害症状

马铃薯晚疫病可为害叶、茎及块茎。叶部病斑大多先从叶尖或叶缘开始，初为水浸状褪绿斑，后渐扩大，在空气湿度大时，病斑迅速扩大，可扩及叶的大半以至全叶，并可沿叶脉侵入叶柄及茎部，形成褐色条斑。最后植株叶片萎垂，发黑，全株枯死。在茎上的发病症状，茎秆发黑，叶芽干枯。湿度大的情况下，在叶片背面、茎秆上的病健交界处会出现灰白色的霉层，在天气干燥的时候霉层不明显。

（二）发生规律

马铃薯晚疫病病菌主要以菌丝体在块茎中越冬，带菌种薯是病害侵染的主要来源，病薯播种后，多数病芽失去发芽能力或出土前腐烂，少数病薯的越冬菌丝随种薯发芽而开始活动、扩展并向幼芽蔓延，形成病菌，即中心病株。出现中心病株后，病部产生分生孢子囊，借风雨传播再侵染。病菌从气孔或直接穿透表皮侵入叶片，而为害块茎时则通过伤口、皮孔和芽眼侵入。

晚疫病在多雨年份易流行成灾。地势低洼排水不良的地块发病重，平地较垄地发病重。过分密植或株型高大可使小气候增加湿度，有利于发病。偏施氮肥引起植株徒长，或者土壤瘠薄缺氧或黏重土壤使植株生长衰弱，均有利于病害发生。增施钾肥可提高植株抗病性，减轻病害发生。马铃薯的不同生育期对晚疫病的抗病力也不一致，一般幼苗抗病力强，而开花期前后最容易感病。叶片着生部位也影响发病，顶叶最抗病，中部次之，底叶最容易感病。

（三）防控措施

防治马铃薯晚疫病，应以推广抗病品种、选用无病种薯为基础，并结合进行消灭中心病株、药剂防治和改进栽培技术等综合防治。

（1）选育和利用抗病品种。

（2）建立无病留种地、选用无病种薯和种薯处理。无病留种田应与大田相距 2.5 千米以上，以减少病菌传播侵染机会，并严格施行各种防治措施。选用无病种薯也是防病的有效措施，可在发病较轻的地块，选择无病植株单收、单藏，留作种用。对种薯处理，可用 200 倍福尔马林液浸种 5 分钟，然后堆积覆盖严密，闷种 2 小时，再摊开晾干。

（3）加强栽培管理。中心病株出现应即清除，或摘去病叶就地深埋。生长后期培土，减少病菌侵染薯块的机会，缩小株距，或在花蕾期喷施 90 毫克/千克多效唑药液控制地上部植株生长，降低田间小气候湿度，均可减轻病情。在病害流行年份，适当提早割蔓，2 周后再收取薯块，可避免薯块与病株接触机会，降低薯块带菌率。

（4）药剂防治。在马铃薯开花前后，田间发现中心病株后，立即拔除深埋，并喷洒药剂进行防治。可使用25%霜脲氰悬浮剂60~80克/亩全田均匀喷洒，进行预防保护性防治。正常天气条件下间隔7~10天用药1次，可选用25%甲霜灵可湿性粉剂800倍液、65%代森锌可湿性粉剂500倍液、64%噁霜灵可湿性粉剂500倍液、40%三乙膦酸铝可湿性粉剂500倍液、75%百菌清可湿性粉剂600~800倍液喷雾。每隔7~10天喷药1次，连续喷药2~3次。如干旱少雨，喷药间隔天数可适当延长。在高湿多雨条件下应间隔5~7天用药1次。根据病情发生风险的大小可适当调整用药次数。

二、早疫病

马铃薯早疫病是马铃薯叶片上的一种主要病害，也能为害叶柄、茎蔓和薯块，因其在叶片上发生时病斑呈轮纹状，也称马铃薯轮纹病。该病如在马铃薯生长早期发生，可以使马铃薯叶片干枯脱落，田间植株成片枯黄，块茎产量严重下降。该病如在马铃薯生长后期发生，对田间产量影响不大。

（一）为害症状

叶片发病后，最初为褐色圆形的小斑点，后逐渐扩大形成暗褐色至黑色的带有同心轮纹的病斑，病健交接部有狭窄的黄色晕圈，多从植株下部叶片发生，逐渐向上部蔓延。当湿度大时，病斑表面有黑色霉层。茎秆染病后出现黑褐色病斑，呈长线条状，稍凹陷，后期扩大成椭圆形病斑，严重时上部叶片枯黄脱落，至整株枯死。块茎染病后，表皮产生大小不一、微凹陷的病斑，呈黑色，病健部明显，皮下组织呈褐色干腐状。

（二）发生规律

病原菌分生孢子最适宜侵染温度为12~16℃，发病最适温度为 24~30℃，而相对湿度要在 80% 以上，早晨、傍晚或雨天有水滴形成时侵染率更高。马铃薯品种间抗病性差异大，总体来说，早熟品种容易感病，而晚熟品种相对抗病，同时不同生育期发病率不一样，苗期至初花前抗性较强，花期至生长末期抗性逐渐减弱。偏施氮肥、磷肥会导致发病加重。

（三）防控措施

（1）选用早熟耐病品种，适当提早收获。

（2）选择土壤肥沃的高燥田块种植，增施有机肥，推行配方施肥，提高寄主抗病力。

（3）发病前，可选用 75% 百菌清可湿性粉剂 600 倍液、64% 噁霜灵可湿性粉剂 500 倍液、40% 克菌丹可湿性粉剂 400 倍液、1∶1∶200 波尔多液或 77% 氢氧化铜可湿性微粒粉剂 500 倍液，隔 7~10 天喷 1 次，连续防治 2~3 次。

三、疮痂病

在北方二季作区的秋季马铃薯为害特别严重。不抗病的品种，秋播时几乎每个块茎都感染疮痂病，有的块茎表皮全部被病菌侵染，致使外观和品质受到严重影响。

（一）为害症状

马铃薯疮痂病是一种细菌性病害。疮痂病主要为害块茎，病菌从薯块皮孔及伤口侵入，开始在薯块表面生褐色小斑点，以后扩大或合并成褐色病斑。病斑中央凹入，边缘木栓化凸起，表面显著粗糙，呈疮痂状。病斑虽然仅限于皮层，但病薯不耐贮藏，影响外观，商品价值下降，经济损失严重。

（二）发生规律

秋季播种早、土壤碱性、施用未腐熟的有机肥料、结薯初期土壤干旱高温等，发病严重。放线菌在含石灰质土壤中特别多。

在高温干旱条件下于这类土壤中种植不抗疮痂病的品种，往往发病严重。病菌发育最适温度为 25~30℃，土壤温度 21~24℃ 时，病害最为猖獗。低温、高湿和酸性土壤对病菌有抑制作用。

（三）防控措施

（1）选用高抗疮痂病的品种。

（2）在块茎生长期间，保持土壤湿度，特别是秋季马铃薯薯块膨大期保持土壤湿润，防止干旱。秋季适当晚播，使马铃薯结薯初期避开高温。秋季马铃薯块茎膨大初期，小水勤浇，保持土壤湿润，降低地温。

（3）实行轮作倒茬，在易感疮痂病的甜菜地块以及碱性地块上不种植马铃薯。

（4）施用有机肥料，要充分腐熟。种植马铃薯的地块，要避免施用石灰。秋季用 1.5~2.0 千克硫黄粉撒施后翻地进行土壤消毒，播种开沟时每亩再用 1.5 千克硫黄粉沟施消毒。

（5）药剂防治。可用 0.2% 的福尔马林溶液，在播种前浸种 2 小时，或用对苯二酚 100 克，加水 100 升配成 0.1% 的溶液，于播种前浸种 30 分钟，然后取出晾干播种。

为保证药效，在浸种前需清理块茎上的泥土。新植霉素、春雷霉素、氢氧化铜等药剂对病菌也有一定的杀灭作用。

四、粉痂病

粉痂病是真菌性病害，在南方一些地区常造成不同程度的产量损失。患粉痂病的植株生长势差，产量急剧下降。受害的块茎后期和疮痂病相似，块茎外形受到严重影响，降低商品价值，而且患病块茎不易贮藏。

（一）为害症状

主要发生于块茎、匍匐茎和根上。块茎染病初在表皮上出现针尖大的褐色小斑，外围有半透明的晕环，后小斑逐渐隆起、膨大，成为直径 3~5 毫米不等的疱斑，其表皮尚未破裂，为粉痂的"封闭疱"阶段。随病情的发展，疱斑表皮破裂、皮卷，皮下组织橘红色，散出大量深褐色粉状物（孢子囊球），疱斑下陷，外围有晕环，为粉痂的"开放疱"阶段。根部染病，根的一侧长出豆粒大小单生或聚生的瘤状物。

（二）发生规律

病菌以休眠孢子囊球在种薯内或随病残物遗落土壤中越冬，病薯和病土成为翌年的初侵染源。病害的远距离传播靠种薯的调运，田间近距离的传播则靠病土、病肥、灌溉水等。休眠孢子囊在土中可存活 4~5 年，当条件适宜时，萌发产生游动孢子，游动孢子静止后成为变形体，从根毛、皮孔或伤口侵入寄主，变形体在寄主细胞内发育，分裂为多核的原生质团，到生长后期，原生质团又分化为单核的休眠孢子囊，并集结为海绵状的休眠孢子囊球，充满寄主细胞。病组织崩解后，休眠孢子囊球又落入土中越冬或越夏。土壤湿度 90% 左右、土温 18~20℃ 适于病菌的发育，因而发病也重。一般雨量多、夏季较凉爽的年份易发病。在马铃薯结薯期间阴雨连绵，土壤湿度大，最易发病。

（三）防控措施

（1）选用无病种薯，把好收获关、贮藏关、播种关，剔除病薯，必要时可选用 50% 烯酰吗啉可湿性粉剂、70% 代森锌可湿性粉剂、2% 盐酸溶液、40% 福尔马林稀释溶液浸种 5 分钟，或用 40% 福尔马林 200 倍液将种薯浸湿，再用塑料布盖严闷 2 小时，晾干播种。或在播种穴中施用适量的豆饼对粉痂病有较好的防治效果。

（2）实行轮作，发生粉痂病的地块 5 年后才能种植马铃薯。

（3）履行检疫制度，严禁从疫区调种。

（4）增施基肥或磷、钾肥，多施石灰或草木灰，改变土壤pH值。加强田间管理，采用起垄栽培，避免大水漫灌，防止病菌传播蔓延。

（5）药剂防治，参见疮痂病。

五、青枯病

青枯病是一种世界性病害，尤其在温暖潮湿、雨水充沛的热带或亚热带地区更为重要。在长城以南大部分地区都可发生青枯病，黄河以南、长江流域地区青枯病最重，发病重的地块产量损失达80%左右，已成为毁灭性病害。青枯病最难控制，既无免疫抗原，又可经土壤传病，需要采取综合防治措施。

（一）为害症状

青枯病在马铃薯整个生育期均可发生。植株发病时出现一个主茎或一个分枝急性萎蔫青枯，其他茎叶暂时照常生长，几日后，又同样出现上述症状以致全株逐步枯死。发病植株茎干基部维管束变黄褐色。若将一段病茎的一端直立浸于盛有清水的玻璃杯中，静置数分钟后，可见到在水中的茎端有乳白色菌脓流出，此方法可对青枯病进行确定。块茎被侵染后，芽眼会出现灰褐色，患病重的切开可以见到环状腐烂组织。

（二）发生规律

青枯病主要通过带病块茎、寄生植物和土壤传病。播种时有病块茎可通过切块的切刀传给健康块茎。种植的病薯在植株生长过程中根系互相接触，也可通过根部传病；中耕除草、浇水过程中土壤中的病菌可通过流水、污染的农具以及鞋上黏附的带病菌土传病；杂草带病也可传染马铃薯等。但种薯传病是最主要的，特别是潜伏状态的病薯，在低温条件下不表现任何症状，在温度适宜时才出现症状。病苗繁殖最适宜的温度为30℃，田间土温

14℃以上，日平均气温 20℃以上时植株即可发病，而且高温、高湿对青枯病发展有利。病菌在土壤中可存活 14 个月以上，甚至许多年。

（三）防控措施

（1）选用抗病品种。对青枯病无免疫抗原材料，选育的抗病品种只是相对病害较轻，比易感病品种损失较小，所以仍有利用价值。主要抗病品种有阿奎拉、怀薯 6 号、鄂芋 783-1 等。

（2）利用无病种薯。在南方疫区所有的品种都或多或少感病，若不用无病种薯更替，病害会逐年加重，后患无穷。所以应在高纬度地区建立种薯繁育基地，培育健康无病种薯，利用脱毒的试管苗生产种薯，供应各地生产用种，当地不留种，过几年即可达到防治目的。此方法虽然人力物力花费大，但却是一项最有效的措施。

（3）采取整薯播种，减少种薯间病菌传播。实行轮作，消灭田间杂草，浅松土，锄草尽量不伤及根部，减少根系传病机会等。

（4）禁止从病区调种，防止病害扩大蔓延。

（5）发病初期可用 50%氯溴异氰尿酸可溶性粉剂 1 200 倍液，或用铜制剂灌根，每 7~10 天施药 1 次，连施 2~3 次，具有一定效果。

六、黑痣病

黑痣病又称茎溃疡病、茎基腐病、黑色粗皮病，通过种薯带病和土壤传播。

（一）为害症状

黑痣病主要为害幼芽、茎基部及茎块。

幼芽：顶部出现褐色的病斑，使生长点坏死，称为烂芽。停止生长，有的从芽条下部长出一个新芽条，造成出苗不好。

茎基部：主要影响地下茎，出现印状或环剥的褐色溃疡斑，中期会有白色菌丝层，易被擦掉。

块茎：块茎大小不一、形状各异，呈块状或片状，在其表面形成坚硬的、土壤颗粒状的黑褐色菌核。

（二）发生规律

病原以菌核在病薯块上或土壤中越冬，其一般会存活 2~3 年在土壤中。带菌种薯会成为传染源来侵染翌年的马铃薯，同时还是进行远距离传播的最主要路径。病菌侵入直接或者经伤口侵染其幼芽，导致幼芽的病变，最终造成病苗；到了生长期，主要是因为灌水、昆虫和农事操作等对植株造成创伤而被病菌侵入；生长后期，产生菌核越冬。发病的高峰期，1 年中有 2 次，分别为苗期至现蕾期、开花期至结薯期，这两阶段要加强防御。

（三）防控措施

1. 转作倒茬

因为菌核可以长期存活在土壤中，所以要采取倒茬种植，最好与小麦、玉米、荞麦、大白菜、胡萝卜及豆类等作物倒茬，实行 3 年以上转作，避免重茬种植。

2. 选用抗病品种

最好是选用抗病性较强且具有优良性状的品种。目前生产中抗病性较强的品种有荷兰薯、冀张薯 3 号、冀张薯 8 号、费乌瑞它、布尔班克等。

3. 选用无病种薯

建立无病留种田，培育无病壮苗，采用无病种薯播种。

4. 加强田间管理

如果在田间发现了病株，要及时除掉，并对病穴进行消毒，通常撒入生石灰来消毒。还要对地块进行合理选择，要挑选地势平坦、易排涝的田块，这样可以使湿度即适当降低。增施有机肥，生长过程中多施钾肥。增施有机肥，以提高马铃薯的自身抗病性。适时晚播和浅播，以提高地温，促进早出苗，减少幼芽在土壤中的发育时间，减轻病菌的侵染。在马铃薯成熟前14天割秧后收获，有利于减轻黑痣病的发生程度。

5. 药剂防治

种薯处理：为防止种薯带病和土壤传染，每播种100个薯块用20%甲基立枯磷乳油30~50毫升、24%噻呋酰胺悬浮剂30~50毫升或2.5%咯菌腈悬浮种衣剂（适乐时）100~200毫升等药剂稀释后拌种。

药剂沟施：种薯播种后覆土前，用25%嘧菌酯悬浮剂喷施薯块和土壤，每亩用量60~80毫升，然后覆土。

生物防治：细菌中芽孢杆菌属、链霉菌属、假单胞菌属及真菌中帚霉属、木霉属等对马铃薯黄萎病、疮痂病、黑痣病及线虫有较好的抑制作用。

七、黑胫病

黑胫病在马铃薯产区均有不同程度发生，发病率一般为2%~5%，严重的达20%~30%。黑胫病是为害马铃薯的一种重要病害，整个生长发育期均可发生，主要为害植株茎基部和块茎，在田间造成缺苗断垄及块茎腐烂，发病特点是发病早、发病快、死亡率高、防治困难。

（一）为害症状

该病从苗期到生育后期均可发病，主要为害植株茎基部和薯块。当幼苗生长到15~20厘米开始出现症状，表现植株矮小，叶色褪绿黄化，节间短缩或上卷，茎基以上部位组织发黑腐烂，最终萎蔫而死，故称为黑胫病。由于植株茎基部和地下部受害，影响水分和养分的吸收和传导，导致不能结薯或结薯后停止生长并发生腐烂，且根系不发达，易从土中拔出。茎部发黑后，横切茎可见三条主要维管束变为褐色。薯块染病始于脐部，呈放射状向髓部扩展，病部黑褐色，横切可见维管束亦呈黑褐色，用手压挤皮肉不分离。湿度大时，薯块变为黑褐色，腐烂发臭，有别于青枯病。

（二）发生规律

该病是细菌引起的病害，通过种薯带菌传播，土壤一般不带菌。带菌种薯和田间未完全腐烂的病薯是病害的初侵染源，用刀切种薯是病害扩大传播的主要途径。病菌主要是通过伤口侵入寄主，在切薯块时扩大传染，引起更多种薯发病，再经维管束髓部进入植株，引起地上部发病。随着植株生长，侵入根、茎、匍匐茎和新结块茎，并从维管束向四周扩展，侵入附近薄壁组织的细胞间隙，分泌果胶酶溶解细胞壁的中胶层，使细胞离析，组织解体，呈腐烂状。病害发生程度与温湿度有密切关系。气温较高时发病重，高温高湿有利于细菌繁殖和为害。播种前，种薯切块堆放在一起，不利于切面伤口迅速形成木栓层，也会使发病率增高。雨水多、土壤黏重且排水不良、低洼地发病重。田间病菌还可通过灌溉水、雨水、昆虫从伤口再侵染健株。

（三）防控措施

（1）选用抗病品种。

（2）选用无病脱毒种薯。

（3）切块用草木灰拌种后立即播种。

（4）适时早播，注意排水，降低土壤湿度，提高地温，促进早出苗。

（5）田间发现病株应及时全株拔除，集中销毁，在病穴及周边撒少许熟石灰。后期病株要连同薯块提前收获，避免同健壮植株同时收获，防止薯块之间病害传播。

（6）药剂防治。发病初期可用40%氢氧化铜600～800倍液防治，或用20%喹菌酮可湿性粉剂1 000～1 500倍液喷洒，或用72%甲霜灵·锰锌可湿性粉剂500～600倍液兼治晚疫病，也可用波尔多液灌根处理。

（7）种薯入窖前要严格挑选，入窖后加强管理，窖温控制在1～4℃，防止窖温过高，湿度过大。

八、病毒病

（一）为害症状

常见的马铃薯病毒病有3种。

花叶型：叶面叶绿素分布不均，呈浓淡绿相间或黄绿相间斑驳花叶，严重时叶片皱缩，全株矮化，有时伴有叶脉透明。

坏死型：叶、叶脉、叶柄及枝条、茎部都可出现褐色坏死斑，病斑发展连接成坏死条斑，严重时全叶枯死或萎蔫脱落。

卷叶型：叶片沿主脉或自边缘向内翻转，变硬、革质化，严重时每张小叶呈筒状。

（二）发生规律

病毒可通过蚜虫及汁液摩擦传毒。田间管理条件差，蚜虫发生量大发病重。此外，25℃以上高温会降低马铃薯对病毒的抵抗力，也有利于传毒媒介蚜虫的繁殖、迁飞或传病，从而利于该病扩展，加重受害程度，故一般冷凉山区栽植的马铃薯发病轻。品种抗病性及栽培措施都会影响本病的发生程度。

（三）防控措施

（1）采用无毒种薯，各地要建立无毒种薯繁育基地，原种田应设在高纬度或海拔高的地区，并通过各种检测方法汰除病薯，推广茎尖组织脱毒种薯。

（2）培育或利用抗病或耐病品种。

（3）及时防治蚜虫。尤其靠蚜虫进行非持久性传毒的条斑花叶病毒更要防好。

（4）改进栽培措施。及早拔除病株；实行精耕细作，高垄栽培，及时培土；避免偏施过施氮肥，增施磷、钾肥；注意中耕除草；严防大水漫灌。

（5）发病初期喷洒 1.5%植病灵乳剂 1 000 倍液，或用 20%乙酸铜·盐酸吗啉胍可湿性粉剂 500 倍液。

九、环腐病

（一）为害症状

地上部染病分枯斑和萎蔫两种类型。枯斑型多在植株基部复叶的顶上先发病，叶尖和叶缘及叶脉呈绿色，叶肉为黄绿色或灰绿色，具明显斑驳，且叶尖干枯或向内纵卷，病情向上扩展，致全株枯死；萎蔫型初期从顶端复叶开始萎蔫，叶缘稍内卷，似缺水状，病情向下扩展，全株叶片开始褪绿，内卷下垂，终致植株倒伏枯死，块茎发病，切开可见维管束变为乳黄色至黑褐色，皮层内出现环形或弧形坏死组织，故称环腐，经贮藏块茎芽眼变黑干枯或外表爆裂，播种后不出芽或出芽后枯死，或形成病株。病株的根、茎部维管束常变褐，病蔓有时溢出白色菌脓。

（二）发生规律

该菌在种薯中越冬，成为翌年初侵染源，病薯播下后，一部分芽眼腐烂不发芽，一部分出土病芽中的病菌沿维管束上升至茎中部，或沿茎进入新结薯块而致病。适合此菌生长温度为 20～23℃，最高 31～33℃，最低 1～2℃。致死温度为干燥情况下 50℃经 10 分钟。最适 pH 值 6.8～8.4，传播途径主要是在切薯块时，病菌通过切刀带菌传染。

（三）防控措施

（1）选用种植抗病品种。

（2）建立无病留种田，尽可能采用整薯播种。切块要严格消毒，每切一个块茎换一把刀或消毒一次。消毒可采用火焰烤刀、开水煮刀，或用75%酒精、0.2%升汞溶液、0.1%高锰酸钾等消毒。有条件的最好与选育新品种结合起来，利用杂交实生苗繁育无病种薯。

（3）播前剔除病薯。把种薯先放在室内摊放5~6天，进行晾种，不断剔除烂薯，使田间环腐病大为减少。此外用50毫克/千克硫酸铜溶液浸泡种薯10分钟有较好效果。

（4）结合中耕培土，及时拔除病株，携出田外集中处理。

（5）可用50%甲基硫菌灵可湿性粉剂500倍液浸种薯2小时，然后晾干后播种。也可用种薯重量1.1%的敌磺钠加适量干细土混匀后拌种，随拌随播。

十、黄萎病

马铃薯黄萎病是马铃薯生产上的一种重要病害，又称早死病或早熟病，国内各马铃薯主产区均有发生。

（一）为害症状

整个生育期均可侵染，症状多在马铃薯生长中后期出现，植株染病后，在下部叶片近边缘的区域和叶脉间褪绿变黄，后变褐干枯，但不卷曲，直到全部叶片枯死，但不脱落。当叶片黄化后，剖开根茎，维管束变褐色，块茎染病始于脐部，纵切病薯可见"八"字半圆形变色环。

（二）发生规律

该病为土传性维管束病害，病菌以微菌核在土壤、病残体及薯块上越冬，翌年种植带菌的马铃薯即引起发病。病菌在体内蔓延，在维管束内繁殖，并扩展到枝叶上，该病不能在当年进行重复侵染。病菌发育温度范围为 5~30℃，最适温度为 19~24℃，气温低时，伤口愈合慢的情况下利于病菌侵入。地势低洼、施用未腐熟的有机肥、灌水不当及连作地发病重。

（三）防控措施

（1）农业防治。①选育抗病品种。②施用充分腐熟的有机肥。③与非茄科作物实行 4 年以上的轮作。

（2）化学防治。①种薯播种前进行药剂浸种，可选用 50%多菌灵可湿性粉剂 500 倍液浸种 1 小时。②发病初期可用 10 亿芽孢/克枯草芽孢杆菌 75~100 克/亩进行喷施。

第二节 马铃薯虫害

一、蚜虫

蚜虫是马铃薯苗期和生长期的主要害虫，不仅吸取液汁为害植株，还是重要的病毒传播者。

（一）为害症状

在马铃薯生长期蚜虫常群集在嫩叶的背面吸取液汁，造成叶片变形、皱缩，使顶部幼芽和分枝生长受到严重影响。繁殖速度快，每年可发生 10~20 代。幼嫩的叶片和花蕾都是蚜虫密集为害的部位。而且蚜虫还是传播病毒的主要害虫，对种薯生产常造成威胁。

（二）发生规律

有翅蚜一般在 4—5 月迁飞，温度 25℃左右时发育最快，温度高于 30℃或低于 6℃时，蚜虫数量都会减少。蚜虫一般在秋末飞回第一寄主桃树上产卵，并以卵越冬。春季卵孵化后再以有翅蚜迁飞至第二寄主为害。

（三）防控措施

（1）生产种薯应选择高海拔冷凉地区作基地，或风大蚜虫不易降落的地点种植马铃薯，以防蚜虫传毒。或根据有翅蚜迁飞规律，采取种薯早收，躲过蚜虫高峰期，以保种薯质量。

（2）药剂防治。发生初期用50%抗蚜威可湿性粉剂2 000～3 000倍液，或用0.3%苦参素杀虫剂1 000倍液，或用10%吡虫啉可湿性粉剂2 000倍液，或用2.5%溴氰菊酯乳油2 000～3 000倍液，或用20%氰戊菊酯乳油3 000～5 000倍液，或用3%啶虫脒微乳剂800倍液等药剂交替喷雾，效果较好。

二、二十八星瓢虫

（一）为害症状

二十八星瓢虫成虫为红褐色带28个黑点的甲虫，幼虫为黄褐色，有黑色刺毛，躯体扁椭圆形，行动迅速，专食叶肉。幼虫咬食叶背面叶肉，将马铃薯叶片咬成网状，使被害部位只剩叶脉，形成透明的网状细纹，叶子很快枯黄，光合作用受到严重影响使植株逐渐枯死。

（二）发生规律

每年可繁殖2～3代。以成虫在草丛、石缝、土块下越冬。每年3—4月天气转暖时即飞出活动。6—7月马铃薯生长旺季在植株上产卵，幼虫孵化后即严重为害马铃薯。成虫一般在马铃薯或枸杞的叶背面产卵，每次产卵10～20粒。产卵期可延续1～2个月，1个雌虫可产卵300～400粒。孵化的幼虫4龄后食量增大，为害最重。

（三）防控措施

（1）由于繁殖世代不整齐，幼虫及成虫共同取食马铃薯叶片，可利用成虫假死习性，人工捕捉成虫，摘除卵块。查寻田边、地头，消灭成虫越冬虫源。

（2）药剂防治。用50%敌敌畏乳油500倍液喷洒，对成虫、幼虫杀伤力都很强，防治效果100%。防治幼虫应抓住幼虫分散前的有利时机，可选2.5%溴氰菊酯乳油3 000倍液、50%辛硫磷乳剂1 000倍液、2.5%高效氯氟氰菊酯乳油3 000倍液喷雾。发现成虫即开始喷药，每10天喷药1次，在植株生长期连续喷药3次，即可完全控制其为害。注意喷药时喷嘴向上喷雾，从下部叶背到上部都要喷药，以便把孵化的幼虫全部杀死。

三、块茎蛾

块茎蛾属鳞翅目麦蛾科，寄主为马铃薯、茄子、番茄、青椒等茄科蔬菜及烟草等。

（一）为害症状

主要以幼虫为害马铃薯。在长江以南的云南、贵州、四川等省种植马铃薯和烟草的地区，块茎蛾为害严重。在湖南、湖北、安徽、甘肃、陕西等省也有块茎蛾的为害。幼虫潜入叶内，沿叶脉蛀食叶肉，余留上下表皮，呈半透明状，严重时嫩茎、叶芽也被害枯死，幼苗可全株死亡。田间或贮藏期可钻蛀马铃薯块茎，呈蜂窝状甚至全部蛀空，外表皱缩，并引起腐烂。在块茎贮藏期间为害最重，受害轻的产量损失10%～20%，重的可达70%左右。

（二）发生规律

以幼虫或蛹在贮藏的薯块内，或在田间残留母薯内，或在茄子、烟草等茎茬内及枯枝落叶上越冬。成虫白天潜伏于植株丛间、杂草间或土缝里，晚间出来活动，但飞翔力很弱。在植株茎上、叶背和块茎上产卵，一般芽眼处卵最多，每个雌蛾可产卵

80 粒。夏季约 30 天、冬季约 50 天 1 代，每年可繁殖 5~6 代。

（三）防控措施

（1）选用无虫种薯，避免马铃薯与烟草等作物长期连作。禁止从病区调运种薯，防止扩大传播。

（2）块茎在收获后马上运回。不使块茎在田间过夜，防止成虫在块茎上产卵。

（3）清洁田园，结合中耕培土，避免薯块外露招引成虫产卵为害。集中销毁田间植株和地边杂草。

（4）清理贮藏窖、库，并用敌敌畏等熏蒸灭虫，每立方米贮藏库的容积，可用 1 毫升敌敌畏熏蒸。

（5）药剂防治。用二硫化碳按 27 克/米^3 库容密闭熏蒸马铃薯贮藏库 4 小时。用药量可根据库容大小而增减。或用苏云金杆菌粉剂 1 千克拌种 1 000 千克块茎。在成虫盛发期喷药，用 4.5% 高效氯氟氰菊酯乳油 1 000~1 500 倍液喷雾防治。

四、地老虎

地老虎俗称地蚕、切根虫等，是鳞翅目夜蛾科昆虫。地老虎有许多种，其中，小地老虎是世界范围为害马铃薯最重的一种害虫。

（一）为害症状

地老虎是杂食性害虫，1~2 龄幼虫为害幼苗嫩叶，3 龄后转入地下为害根、茎，5~6 龄为害最重，可将幼苗茎从地面咬断，造成缺株断垄，影响产量。特别对于用种子繁殖的实生苗威胁最大。

（二）发生规律

小地老虎为夜盗蛾，以幼虫为害作物。小地老虎一年发生 4~5 代，以老熟幼虫在土中越冬。第一代幼虫是为害的严重期，也是防治的重点期。成虫白天栖息在杂草、土堆等荫蔽处，夜间活动，趋化性强，喜食甜酸味汁液，对黑光灯也有明显趋性，在叶背、土块、草把上产卵，在温暖、潮湿、杂草丛生的地方，虫头基数多。幼虫夜间为害，白天栖在幼苗附近土表下面，有假死性。

（三）防控措施

（1）清除田间及地边杂草，使成虫产卵远离大田，减少幼虫为害。

（2）用毒饵诱杀。以80%敌百虫可湿性粉剂500克加水溶化后，和炒熟的棉籽饼或菜籽饼20千克拌匀，或用灰灰菜、刺儿菜等鲜草约80千克，切碎和药拌匀作毒饵，于傍晚撒在幼苗根的附近地面上诱杀。

（3）用灯光或黑光灯诱杀成虫效果也很好。或配制糖醋液诱杀成虫，糖醋液配制方法：糖6份、醋3份、白酒1份、水10份、敌百虫1份调匀，在成虫发生期设置。某些发酵变酸的食物，如甘薯、胡萝卜、烂水果等加入适量药剂，也可诱杀成虫。

（4）药剂防治。用50%辛硫磷乳油1 000倍液喷雾，或用2.5%敌百虫粉剂2千克/亩加细土10千克/亩制成毒土或灌根防治。在地老虎1~3龄幼虫期，选用3%阿维·吡虫啉颗粒剂1.5~2.0千克/亩撒施。或用10%顺式氯氰菊酯乳油1 500倍液、2.5%溴氰菊酯乳油1 500倍液等地表喷雾。

五、蛴螬

蛴螬属鞘翅目金龟子科，为害多种农作物。

（一）为害症状

蛴螬为金龟子的幼虫。金龟子种类较多，各地均有发生。幼虫在地下为害马铃薯的根和块茎，可把马铃薯的根部咬食成乱麻状，把幼嫩块茎吃掉大半，在老块茎上咬食成孔洞，严重时造成田间死苗。

（二）发生规律

金龟子种类不同，虫体也大小不等，但幼虫均为圆筒形，体白、头红褐或黄褐色。虫体常弯曲成马蹄形。成虫产卵于土中，每次产卵20~30粒，多的100粒左右，9~30天孵化成幼虫。幼虫冬季潜入深层土中越冬，当10厘米深的土壤温度5℃左右时，上升活动，土温在13~18℃时为蛴螬活动高峰期。土温高达23℃时即向土层深处活动，低于5℃时转入土下越冬。金龟子完成1代需要1~2年，幼虫期有的长达400天。

（三）防控措施

（1）施用农家肥料时要经高温发酵，使肥料充分腐熟。以便杀死幼虫和虫卵。

（2）毒土防治。每亩用50%辛硫磷乳油400~500克，或用3%辛硫磷颗粒1.5~2.0千克，拌细土50千克。于播前施入犁沟内或播种覆土。或每亩用80%敌百虫可湿性粉剂500克加水稀释，而后拌入35千克细土配制成毒土，在播种时施入穴内或沟中。

（3）毒饵诱杀。用0.38%苦参碱乳油500倍液，或用50%辛硫磷乳油1 000倍液，或将80%敌百虫可湿性粉剂用少量水溶化后，和炒熟的棉籽饼或菜籽饼拌匀，于傍晚撒在幼苗根附近地面上诱杀。

（4）在成虫盛发期，对害虫集中的作物或树上，喷施50%辛硫磷乳油1 000倍液，或用90%晶体敌百虫1 000倍液，或用2.5%溴氰菊酯乳油3 000倍液。

第五章　油菜重大病虫害防控技术

第一节　油菜病害

一、油菜菌核病

油菜菌核病又称菌核软腐病，也称霉秆、烂秆等，发生普遍，为害严重，影响油菜的产量和质量，已成为油菜继续增产的主要矛盾。

（一）为害症状

油菜菌核病是一种真菌性病害，它为害时间长，从苗期到成熟期都可发生，开花后发生最多。长江流域冬油菜区一般在3—4月油菜花期严重发病，茎枝感染造成收获前植株或分枝死亡。在北方春油菜区，于6月下旬开始发病，7月上旬出现高峰期。

（二）发生规律

油菜菌核病的病菌以菌核在土壤、病残体、种子中越夏（冬油菜区）、越冬（冬、春油菜区）。菌核在干燥条件下可以存活4~10年。开花期和角果发育期降水量多、阴雨连绵、相对湿度在80%以上均有利于病害的发生和流行，也是油菜菌核病连年加重的最主要因素。

（三）防控措施

1. 选种和种子处理

选无病株留种，筛去种子中的大菌核，然后用盐水（5千克水加食盐 0.50 ~ 0.75 千克）或硫酸铵水（5 千克水加硫酸铵 0.5 ~ 1.0 千克）选种，外用清水洗种；也可用 50℃温水浸种 10 ~ 20 分钟或 1 : 200 福尔马林浸种 3 分钟。

2. 药剂防治

药剂种类与用量为：每亩用 15%氯啶菌酯乳油 55 ~ 66 克兑水喷雾，或每亩用 25%咪鲜胺乳油 40 毫升兑水喷雾，或 40%菌核净可湿性粉剂 1 000 ~ 1 500 倍液喷 1 ~ 2 次，或 50%多菌灵粉剂 500 倍液喷 2 ~ 3 次，70%甲基硫菌灵可湿性粉剂 500 ~ 1 500 倍喷 2 ~ 3 次，或 50%腐霉利粉剂 2 000 倍液喷 2 ~ 3 次。上述药液用量为每亩每次 100 ~ 125 千克。油菜开花期，叶病株率 10%以上，茎病株率在 1%以下时开始喷药，每次间隔 7 ~ 10 天。

3. 生物防治

一般将生防制剂施入土壤中。防效较好的有盾壳霉、木霉等制剂。

二、油菜病毒病

油菜病毒病，又名油菜花叶病、毒素病、萎缩病，是油菜上的主要病害之一，全国各油菜产区均有发生，以冬油菜区发生较为普遍，一般造成减产 20% ~ 30%，严重者在 70%以上，种子含油量降低 7%，发病越早，损失越重。

（一）为害症状

油菜从苗期到成株期均能感病，油菜类型不同，病害症状差异很大。甘蓝型油菜感染了油菜病毒病，最初在新叶的叶脉间发生油渍状的小斑点，以后逐渐形成黄色斑块，开花后长出的新叶病斑扩展很快，成为花叶，下部叶片变黄脱落，到发病末期，茎叶出现坏死病斑，变成褐黑色，最后枯死。

（二）发生规律

病毒病由芜菁花叶病毒、黄瓜花叶病毒、烟草花叶病毒和油菜花叶病毒等病毒单独或复合侵染所引起。油菜苗期是易感病期，病害发生与气候条件、栽培管理也有很大的关系，在一些冬油菜产区，油菜自出苗后1个月，月平均气温在16~19℃，相对湿度在77%以下，月降水量少于33毫米，有利于蚜虫繁殖为害，加速病毒的传播。一般高温干旱利于发病，相对湿度在80%以上不利于发病。

（三）防控措施

1. 选用抗病品种

一般甘蓝型油菜比芥菜型、白菜型油菜抗病性强，且产量高。因此，在病毒病发生严重的地区，应尽可能种植甘蓝型油菜，并选用在当地推广的抗性较强的品种。

2. 控制病毒源

病毒的寄主较多，除十字花科蔬菜外，还有杂草，病毒病普遍发生的原因就是有充足的毒源存在。应将田间杂草铲除干净，并将杂草用于沤肥，以减少病毒病毒源，这是减少病毒病发生的关键。

3. 改善耕作制度

油菜田尽可能远离十字花科菜地；调整播种期，北方冬油菜区和长江流域冬油菜区应根据当地气候特点、油菜品种特性及油菜蚜虫发生情况来确定适宜播种期，既要避开蚜虫发生盛期，又要防止播种过迟造成减产。雨少天旱应适当迟播，多雨年份可适当早播。在长江流域和东南沿海地区，甘蓝型油菜以9月下旬以后播种为宜，白菜型油菜则宜在10月份播种。

4. 加强田间管理

集中育苗，苗期要勤施肥，不偏施氮肥；及时间苗，剔除病苗；田间发现病株及时拔除，清除发病中心；科学施肥，增施磷、钾肥，提高植株抗病力；合理灌溉，雨后及时排水，降低田间湿度。

5. 治蚜防病

蚜虫体小，又在叶背为害，初期往往被忽视，如等油菜苗出现斑点再防治，已造成损失，必须在苗床期及时用药防治。移栽油菜时，在需移栽前 2~3 天，在苗床上喷起身药，用 10% 吡虫啉可湿性粉剂 2 000~2 500 倍液，或 50% 抗蚜威可湿性粉剂 2 000~3 000 倍液喷雾，这样既可节省用药量，又可推迟减轻大田苗期因蚜虫传毒的病毒病害。田间利用黄色诱杀。蚜虫繁殖能力强，有翅蚜可能从另一块地迁飞而来，大田、苗期应每隔 5~7 天施 1 次防治蚜虫的药，连喷 3~4 次，以达到彻底消灭蚜虫的目的。

6. 药剂防治

发病初期选用 0.5% 菇类蛋白多糖水剂 300 倍液、1.5% 烷醇·硫酸铜（植病灵）乳剂 1 000 倍液、2% 宁南霉素水剂 200~300 倍液、5% 菌毒清可湿性粉剂 400~500 倍液、20% 吗胍·乙酸铜可湿性粉剂 300 倍液或 2% 氨基寡糖素水剂 600~800 倍液，隔 10 天喷 1 次，连续防治 2~3 次。还可加入生长调节剂如腐植酸微肥 500~800 倍液，既能调节植株生长，又能控制病情发展。

三、油菜霜霉病

霜霉病在冬油菜区发生普遍，自苗期到开花结荚期都有发生，为害叶、茎、花和果，影响菜籽的产量和质量。

（一）为害症状

霜霉病在油菜生长期间均可发生，叶片发病后，初为淡黄色斑点，后扩大成黄褐色大斑，受叶脉限制呈不规则形，叶背面病斑上出现霜状霉层，茎、薹、分枝和花梗感病后，初生褪绿斑点，后扩大成黄褐色不规则形斑块，花梗发病后有时肥肿、畸形，花器变绿、肿大，呈"龙头"状，表面光滑，上有霜状霉层，感病严重时叶枯落直至全株死亡。

（二）发生规律

气温8~16℃、相对湿度高于90%、弱光利于该菌侵染。生产上低温多雨、高湿、日照少利于病害发生。长江流域油菜区冬季气温低，雨水少，发病轻，春季4—5月气温上升至10~20℃，遇多雨潮湿天气，田间湿度大极易发病或引致薹花期该病流行。

（三）防控措施

1. 农业防治

（1）因地制宜种植抗病品种。现在很多推广的甘蓝型油菜品种具有较强的霜霉病抗性，选用大面积推广品种替代老品种就可能减轻霜霉病的为害。

（2）轮作倒茬。避免重茬或与十字花科蔬菜轮作，不要在十字花科蔬菜地上连作育苗。提倡与大小麦等禾本科作物进行1~2年轮作，或水旱轮作，可大大减少土壤中卵孢子数量，降低菌源量。

（3）加强田间管理。适期播种，不宜过早；合理密植，以利于田间通风透光，防止田间郁闭；采用配方施肥技术，合理施用配方肥，提高抗病力；春季清沟排渍，注意雨后及时排水，防止雨水滞留和淹苗；及时摘除下部的老黄叶，减少植株间的互相传播，改善株间通风透光条件，降低田间湿度，减少病菌繁殖。摘除的病叶应带出田外，作饲料或堆肥。收获后结合深翻整地，清除田间病残体，减少翌年菌源。

2. 种子处理

播种前精选种子，并进行种子消毒处理。播种前用10%盐水选种，淘汰病种、瘪粒，选出的种子用清水漂洗后晾干播种。也可用种子重量1%的35%甲霜灵可湿性粉剂拌种，或用种子重量0.4%的50%福美双可湿性粉剂或75%百菌清可湿性粉剂拌种。

3. 化学防治

3月上旬是油菜霜霉病多发期，提前预防可选用75%百菌清可湿性粉剂 600 倍液喷洒，或选用 60%甲霜·锰锌可湿性粉剂 800 倍液喷洒，还可选用 69%烯酰·锰锌可湿性粉剂 1 200 倍液喷洒，每次间隔 6 天，连喷 3 次。

四、油菜根肿病

油菜根肿病，俗称大脑壳病、肿瘤病，是一种严重为害油菜生产的主要真菌性病害，可为害油菜、白菜、萝卜、甘蓝等十字花科作物根系。

（一）为害症状

根肿病主要出现在根部，发病时根部会呈纺锤形或不规则畸形的"肿瘤"，主要发生在主根上，侧根上较小，初期肿瘤表面光滑，呈白色，之后会逐渐变为褐色，避免粗糙，时间长了还会出现龟裂。在发病初期，中午时因为气温较高，油菜的蒸腾作用较大，会散发很多的水分，而根系被肿瘤破坏，吸水吸肥能力降低。在缺水情况下，地上植株也会出现萎蔫，随着病情恶化，病株会彻底萎蔫甚至死亡。

（二）发生规律

油菜根肿病菌是一种真菌，属于鞭毛菌亚门根肿菌属的芸薹根肿菌。病菌以休眠孢子囊在病残体、土壤及混有病残体未充分腐熟的有机肥中越夏或越冬，并可在土中存活 10~15 年。当土壤 pH 值在 5.4~6.5 时有利于病害的发生，土壤 pH 值在 7.2 以上时，则一般不发病；土壤温度为 18~25℃、土壤湿度为 60%左右时，有利于病害发生传染。十字花科作物连作，施用未腐熟粪肥的田块发病重。该病病菌主要在苗期侵染，6 叶期以后侵染速度减慢。

（三）防控措施

油菜根肿病属土传病害，一旦发生，普通防治方法和药剂难以达到理想的防治效果，建议采用综合措施。

1. 农业防治

（1）实行轮作。与非十字花科作物实行 5 年以上轮作。避免在低洼积水田或稻麦改油菜田或酸性土壤上种油菜。

（2）选用抗病品种。尽量压缩或减少十字花科作物种植。即使要种植十字花科蔬菜也要选用抗病品种。

（3）选用无病苗床及苗床消毒。严格选择排灌方便，至少有 8 年未种植十字花科作物的园地作苗床，提倡用营养钵育苗。施用甲醛对床土进行消毒。移栽前用石灰水（每桶水加 100~150 克石灰粉溶解）或 50% 福美双可湿性粉剂 1 000 倍液进行浸根或用作定根水。当菜地发现病株时，要及时拔出烧毁，补栽壮苗，再用石灰水或 50% 多菌灵可湿性粉剂 500 倍液对全田进行灌根，15 天左右 1 次，连续 2 次。拔除的病苗必须带出田间烧毁或用石灰、甲醛消毒后制成腐熟堆肥。

（4）加强栽培与管理。采用高畦栽培，开沟排湿，勤中耕、勤除草，减少氮肥施用，增施腐熟有机肥，磷、钾肥，以提高植株抗病性。

发现病株，及时拔除，将病残体带出田外烧毁，并用药剂或生石灰水灌窝处理；特别是在油菜收割后，应彻底处理病残体，切勿随意丢弃病株和沤肥，造成病菌循环传播。

田间避免大量施用化肥，防止土壤酸化，发病田可施用石灰改变酸碱度，使土壤呈微碱性，以减轻发病。一般每亩施石灰 100~150 千克。

2. 调酸防病

偏酸的土壤环境最适宜根肿病的滋生和侵染，施用碱性肥料和土壤调理剂，将偏酸土壤的 pH 值调到 7.2（微碱性），可减轻根肿病为害。一是使用 1% 生石灰水灌穴。分别在油菜播种时、3~4 叶期和 6~7 叶期施用 1 次，每亩石灰用量 10 千克，田内 pH

值可由 5.4~5.8 调整至 7.2 左右的微碱环境。二是使用土壤调理剂。可有效调节土壤酸碱度、抑制病原菌生长。

3. 药剂防治

（1）育苗移栽。油菜真叶展开期可用 70%百菌清可湿性粉剂 600~800 倍液或 70%甲基硫菌灵可湿性粉剂 600~800 倍液喷淋或泼浇整个苗床。移栽前用 75%百菌清可湿性粉剂 500 倍液、20%乙酸铜可湿性粉剂 500~600 倍液或 33.5%喹啉铜悬浮剂 1 500~2 000 倍液等喷根，每株 400~500 毫升，也可淋浇后带药移栽。

移栽时可浇 2%石灰水为定根水，15 天后再用 75%百菌清可湿性粉剂 500 倍液灌根 1 次，移栽后 30 天内，应勤查早除，拔除病株进行烧毁，并及时补上健苗。如果病株较多，还可以用 50%多菌灵可湿性粉剂 500 倍液灌根，每株灌 250 毫升，或者用 40%五氯硝基苯粉剂 500 倍液灌根，每株 400~500 毫升，也能够有效控制病情。

移栽油菜，在深翻苗床后用 10%氰霜唑悬浮剂 500 倍液喷雾均匀处理土壤后播种。播种后 30 天进行移栽，移栽时淘汰根部被侵染的幼苗，移栽后配制 10%氰霜唑悬浮剂 2 000 倍液用作定根水同时防治根肿病，15 天后再用氰霜唑进行 2 次灌穴防治。

（2）直播田。用 10%氰霜唑悬浮剂 300~500 倍液拌种。播种时可用 75%百菌清可湿性粉剂 1 000 倍液浇灌，间隔 10~15 天防治 1 次，连续 2~3 次。播种后 30 天用 10%氰霜唑悬浮剂 2 000 倍液灌穴防治，防效良好。

五、油菜软腐病

油菜软腐病又名根腐病，在我国冬油菜区发生较普遍。

（一）为害症状

发病症状主要是靠近地表的茎秆，发生水渍状的软腐，内部腐烂,呈空洞状,有恶臭味。本病可在根茎叶上发生,病苗从茎基伤口入侵,产生不规则的水渍状病斑,略为凹陷,表皮稍皱缩,继而病部皮层开裂,内部软腐变空,可从茎蔓延到根部。靠近地面发病的叶片,叶柄纵裂、软化、腐败,病部出现灰白色或污白色黏液,有强烈臭味。病株叶片萎缩,初期早晚间能恢复,晚期则失去恢复能力,重者抽薹后倒伏死亡。

(二)发生规律

病原菌主要在病残体内繁殖、越夏、越冬,由雨水、灌溉水、昆虫传播,从伤口侵入。高温高湿有利于发病,连续阴雨有利于病菌传播和侵入。

(三)防控措施

(1)因地制宜选用抗病品种。

(2)与材料作物实行 2~3 年轮作。

(3)加强田间管理。合理掌握播种期,采用高畦栽培,防止冻害,减少伤口。播前 20 天耕翻晒土,施用酵素菌沤制的堆肥或充分腐熟的有机肥,提高植株抗病力;合理灌溉,雨后及时开沟排水;收获后及时清除田间病残体,减少来年菌源。

(4)药剂防治。发病初期选择喷洒 47%春雷霉素可湿性粉剂 900 倍液、30%碱式硫酸铜悬浮剂 500 倍液或 14%络氨铜水剂 350 倍液,隔 7~10 天喷 1 次,连续预防治 2~3 次。油菜对铜制剂敏感,要严格控制用药量,以防药害。

第二节 油菜虫害

一、蚜虫

蚜虫是油菜的主要害虫,俗称蜜虫、腻虫、油虫等,它的发生不但对油菜造成直接为害，而且还能传播病毒，致使油菜发生病毒病。油菜田蚜虫主要有 3 种，萝卜蚜、桃蚜和甘蓝蚜，三者均属同翅目蚜科，其中萝卜蚜又称菜缢管蚜。

（一）为害症状

蚜虫是油菜常见病虫害之一，多集中在油菜叶背部、菜心、茎枝和花轴上，不断吸取油菜汁液，造成油菜叶片出现卷曲萎缩的情况，影响油菜幼苗的生长，还会导致油菜茎、花轴停止生长，花、角果数量减少，最终致油菜植株枯死。蚜虫具有较强的繁殖力，对油菜的质量以及产量也会产生较大的影响。

（二）发生规律

在春季，室外温度 15℃ 左右时，蚜虫就可以进行繁殖，但是蚜虫在这个阶段繁殖量会较少，15～23℃ 是最适合蚜虫繁殖的温度，这个温度下蚜虫的繁殖期在 5 天左右，油菜出现干旱或者是油菜之间种植较为密集，会促进蚜虫进一步扩大繁殖范围。在夏季，是蚜虫繁殖数量较多的季节，种植人员要注意夏季这一阶段，做好蚜虫的防治工作。

（三）防控措施

1. 农业防治

（1）因地制宜种植抗虫品种。选用当地蚜虫和病毒病发生轻的丰产油菜品种，其表现为叶色浓绿，叶片肥厚，苗期生长缓慢健壮，后期长势强。

（2）加强田间管理。蔬菜收获后深翻土地，及时清理前茬病残体，铲除田间、畦埂、地边杂草，减少翌年虫源基数。苗期适当灌水，增加田间湿度，创造一个不利于蚜虫生存繁殖的小气候。

2. 种子处理

用 25% 种衣剂 2 号 1 份与 50 份油菜种子拌裹，或 40% 萎锈灵悬浮剂 1 份与 100 份油菜种子拌裹控制蚜虫，有效期 30 天，还可减轻苗期病毒病，增产 7% 左右。

3. 物理防治

（1）黄板诱蚜。根据不同蚜虫习性，采用黄板诱杀。油菜播种后，可在油菜田周围设置黄板，把大约 1 米² 的塑料薄膜涂成金黄色，再抹一层凡士林或机油，然后架在田间，板块高出地面约 50 厘米，这样可以大量诱杀有翅蚜虫。

（2）银灰膜驱蚜。利用蚜虫对银灰色的负趋性，在田园内、苗床上铺设或吊挂银灰色薄膜，可驱避多种蚜虫，预防病毒病。

4. 药剂防治

根据蚜虫发生的自身规律，蚜虫防治应抓住 3 个关键时期施药：第一是苗期（3 片真叶），第二是蕾薹期，第三是花角期。根据蚜虫的发生量来决定是否施药。当苗期有蚜株率达到 10%~30%，虫口密度达 1~2 头/株时施药；在抽薹开花期，10% 茎枝或花序上有蚜虫，虫口密度达 3~5 头/枝时喷雾。可选用 50% 抗蚜威可湿性粉剂 2 000 倍液、5.7% 氟氯氰菊酯乳油 4 000 倍液、48% 噻虫啉悬浮剂 2 000~3 000 倍液、10% 吡虫啉可湿性粉剂 2 500 倍液、4.5% 高效氯氰菊酯乳油 2 000 倍液、3% 啶虫脒乳油 1 500 倍液或 10% 烟碱乳油 800~1 000 倍液等喷雾防治。

也可用 1% 阿维菌素乳油 4 000 倍液，但要注意阿维菌素对蜜蜂有毒，在油菜花期、蜜蜂采蜜时不得施用。

油菜盛花期使用蚜虫专用剂抗蚜威防治蚜虫，其效果达 97.19%，对蜜蜂安全。

此外，还可采用 10% 吡虫啉可湿性粉剂，每亩 40 克拌土施于播栽穴，对蚜虫具有长效防治效果。

蚜虫多着生在心叶及叶背皱缩处，药剂难以全面喷到，所以，除要求喷药时周到细致之外，还要求在用药上尽量选择兼有触杀、内吸、熏蒸三重作用的农药。每亩喷兑好的药液 50~60 升，隔 7~10 天 1 次，连续防治 2~3 次。

二、菜青虫

(一) 为害症状

菜青虫是菜粉蝶的幼虫，在油菜苗期为害最重，幼虫咬食油菜的叶片，2 龄前仅啃食叶肉，留下一层透明表皮，3 龄后蚕食叶片出现孔洞或缺刻，严重时叶片全部被吃光，只残留粗叶脉和叶柄，造成绝产。菜青虫取食时，边取食边排出粪便污染。

(二) 发生规律

幼虫共 5 龄，3 龄前多在叶背为害，3 龄后转至叶面蚕食，4~5 龄幼虫的取食量占整个幼虫期取食量的 97%。根据菜青虫发生和为害的特点，在防治上要掌握治早、治小的原则，将幼虫消灭在 1 龄之前。

(三) 防控措施

1. 农业防治

清洁田园，油菜收获后，及时清除田间残株老叶，减少菜青虫繁殖场所和消灭部分蛹。

2. 化学防治

一般在卵高峰后 1 周左右，即幼虫孵化盛期至 3 龄幼虫前用药，连续使用 2~3 次，可以选用以下药剂：高效 Bt 可湿性粉剂 750~1 000 倍液，或 0.2% 阿维虫清乳油 2 500~3 000 倍液喷雾防治。每亩用 2.5% 高效氟氯氰菊酯乳油 20 毫升，或 10% 虫螨氰悬浮剂 10 毫升，或 5% 顺式氯氰菊酯乳油 10~20 毫升，兑水 40 千克喷雾防治。也可用 24% 甲氧虫酰肼悬浮剂 2 000~2 500 倍液，或 2.5% 多杀霉素悬浮剂 1 000~1 500 倍液，或 25% 除虫脲悬浮剂 50~60 克/亩，喷雾防治。

防治时要注意抓住防治适期，在田间卵盛期、幼虫孵化初期，于早上或傍晚在植株叶片背面和正面均匀喷药，可有效防治菜青虫的为害。

三、油菜潜叶蝇

油菜潜叶蝇又叫豌豆植潜蝇、菠菜潜叶蝇，俗称夹叶虫、叶蛆、串叶虫，属双翅目潜蝇科。

（一）为害症状

油菜潜叶蝇以幼虫为害植物叶片，幼虫往往钻入叶片组织中，潜食叶肉组织，造成叶片呈现不规则白色条斑，使叶片逐渐枯黄，造成叶片内叶绿素分解，叶片中糖分降低，为害严重时被害植株叶黄脱落，甚至死苗。由于潜叶蝇的幼虫钻到叶片里为害，一般药剂不容易接触它，所以最好在幼虫潜入叶片前用药，以卵期喷药效果最好。

（二）发生规律

油菜潜叶蝇1年发生3~18代。以蛹、成虫、幼虫或卵越冬。越冬蛹于翌年早春羽化，成虫先在豌豆上产卵为害，3—4月转移到油菜田繁殖，油菜开花期为害最重。初春时，虫口数量随温度上升而增加，雌虫比例显著提高。虫量短期内增长迅速，入夏后虫量急剧下降。

（三）防控措施

1. 农业防治

早春及时清除田间、田边杂草，摘除油菜花叶。在油菜、豌豆及十字花科蔬菜收获后，及时清除田内枯枝落叶，以减少下代及越冬的虫源基数。

2. 物理防治

根据成虫对甜汁有趋性的习性，配制毒糖液诱杀。在成虫盛

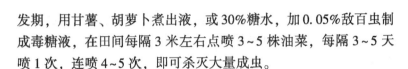

发期，用甘薯、胡萝卜煮出液，或30%糖水，加0.05%敌百虫制成毒糖液，在田间每隔3米左右点喷3~5株油菜，每隔3~5天喷1次，连喷4~5次，即可杀灭大量成虫。

3. 生物防治

利用寄生蜂寄生于油菜潜叶幼虫和蛹体内，自然控制油菜潜叶蝇的种群数量。

4. 药剂防治

注意掌握在成虫盛发期或幼虫潜蛀开始时，当有虫株率达10%，在早晨或傍晚喷洒农药防治。可选用1.8%阿维菌素乳油3 000~4 000倍液，或30%灭蝇胺可湿性粉剂1 500~1 800倍液、50%敌敌畏乳油800倍液、5%氟啶脲乳油2 000倍液等喷雾防治，或每亩喷2.5%敌百虫粉剂2.0~2.5千克，视虫情每隔7~10天防治1次，共防治2~3次。

四、黄曲条跳甲

（一）为害症状

为害油菜和十字花科蔬菜，成虫、幼虫都可为害，幼苗期受害最重，常常食成小孔，造成缺苗毁种。成虫善跳跃，高温时还能飞翔，中午前后活动最盛。油菜移栽后，成虫从附近十字科蔬菜转移至油菜为害，以秋、春季为害最重。严重时可使整株叶片发黄枯死，另外还能传播软腐病。

（二）发生规律

1年发生2代。以成虫在落叶、杂草中潜伏越冬。成虫善跳跃，高温时能飞翔，有趋光性，寿命长，卵散产于植株周围湿润的土隙中或细根上。幼虫孵化后在3~5厘米的表土层啃食根皮，共3龄，老熟幼虫在3~7厘米深的土中化蛹。春、秋两季发生严重，秋季重于春季，湿度高的菜田重于湿度低的菜田。

（三）防控措施

1. 农业防治

因地制宜选用抗虫品种。提倡与非十字花科蔬菜进行轮作，有条件可实行水旱轮作。清园灭虫，清除残株落叶，铲除杂草，消灭其越冬场所和食料植物，以减少虫源。深耕灭虫，播种前深耕晒土，造成不利于幼虫生活的环境条件，还可消灭部分虫蛹。合理灌水，幼虫为害严重时，可连续几天多浇水，以防止根部输导组织破坏，加速油菜生长，播前灌水，可消灭田间成虫，同时促进幼苗生长。

2. 物理防治

油菜苗期为害严重时，可在种厢两端设立 1 米² 的胶板，安上手柄，板正面涂抹黄油或其他胶黏物，插立田头；或一手持胶板，另一手轻轻扫动油菜苗，跳甲受惊，则高高蹦起，被粘于板上。

黑光灯诱杀。利用成虫具有趋光性及对黑光灯敏感的特点，使用黑光灯诱杀具有一定的防治效果。

3. 药剂防治

（1）土壤处理。播种前，每亩用3%辛硫磷颗粒剂1.5千克配制药土撒布，以杀死土中的幼虫。

（2）药剂喷雾。苗期早治，控制成虫。油菜苗出土后立即进行调查，发现有虫可用18%杀虫双水剂400倍液淋施，或50%辛硫磷乳油1 500倍液、80%敌敌畏乳油1 000倍液、50%马拉硫磷乳油1 000倍液、2.5%溴氰菊酯乳油2 500倍液喷雾。发现根部有幼虫为害时，还可用敌百虫、敌敌畏或辛硫磷灌根防治。用药时注意从田边向田内围喷，防止成虫逃逸。

五、油菜茎象甲

油菜茎象甲，别名油菜象鼻虫、球茎象甲，属鞘翅目象甲科。该虫分布于我国各油菜产区，西北地区为害重，主要为害油菜及其他十字花科植物。

（一）为害症状

受害植株的生长、结角受阻，籽粒早黄不能成熟，全株枯死。严重时受害茎达70%，造成植株倒折。

（二）发生规律

3月中旬交配产卵，将卵产于油菜嫩茎上蛀的小孔中。3月下旬孵化成幼虫，在茎中钻蛀取食为害，茎内髓部被蛀害成隧道状。油菜茎象甲的主要为害期在春夏季，春季油菜抽薹至结果期为害重，潮湿地块和早播油菜田受害重。

（三）防控措施

1. 农业防治

通过中耕、灌水，特别是早春灌溉，有条件的可保水1天，将成虫溺死，对减少越冬、越夏虫口基数有一定的效果。油菜茎象甲成虫大多在地下5~15厘米耕层内越冬、越夏，可在油菜播前，每亩选用50%辛硫磷乳油15~20毫升，拌毒土30~35千克，结合深耕耱耙施入土中，既能有效地毒杀油菜茎象甲成虫，也能兼治其他地下害虫。收获后及时深翻整地，可以杀死一部分越冬成虫，减少来年虫源基数。冬前和早春苗期，利用其成虫假死性，仔细检查菜薹、叶腋处和土面，人工捕捉成虫。

2. 药剂防治

每年2—3月或9—10月成虫开始活动时，可喷洒2.5%敌百虫粉剂，每亩2~3千克。

必要时，可选用90%晶体敌百虫1 000倍液，或80%敌敌畏乳油1 000倍液、25%喹硫磷乳油1 500倍液、4%联苯菊酯乳油500~600倍液等喷雾防治。

喷雾一定要仔细，最好是先喷粉，间隙7~10天再喷雾。

第六章 大豆重大病虫害防控技术

第一节 大豆病害

一、大豆根腐病

（一）为害症状

大豆根腐病是大豆苗期根部真菌病害的统称。大豆在整个生长发育期均可感染根腐病，造成苗前种子腐烂，苗后幼苗猝倒和植株枯萎死亡。苗期发病影响幼苗生长甚至造成死苗，使田间保苗数减少。成株期由于根部受害，影响根瘤的生长与数量，造成地上部生长发育不良以至矮化，影响结荚数与粒重，从而导致减产。

（二）发生规律

连阴雨后或大雨过后骤然放晴，气温迅速升高；或时晴时雨、高温闷热天气易发病。最易感病温度为24～28℃。

（三）防控措施

（1）选用抗病品种。

（2）合理轮作。因大豆根腐病主要是土壤带菌，与玉米、麻类作物轮作能有效预防大豆根腐病。

（3）加强田间管理，及时翻耕，平整细耙，雨后及时排出积水防止湿气滞留，可减轻根腐病的发生。

（4）药剂防治。35%多·福·克悬浮种衣剂，按说明用量拌种包衣。也可用70%噁霉灵可湿性粉剂1 000~2 000倍液或50%多菌灵可湿性粉剂800~1 000倍液，均匀喷雾。

二、大豆菌核病

大豆菌核病又称白毛病。

（一）为害症状

1. 初期症状

茎部发生褐色病斑，上生白色棉絮状菌丝体及白色颗粒状物。

2. 中后期症状

病株枯死后呈灰白色，茎中空皮层呈麻丝状。

（二）发生规律

田间菌核数量是该病发生严重的最重要因子，其次是环境因素。在大豆开花期土表温度高、空气湿度大、降水量大易于发病。

（三）防控措施

（1）轮作倒茬。可以通过和禾本科作物进行轮作3年以上，减少田间病菌的数量，能起到很好的预防效果。

（2）选择抗病性品种。在播种前选择抗病性较强的品种进行播种，可以大大降低感染该病害的概率。

（3）清除病残体。针对田间掉落的叶片、茎秆或是豆荚等病残体，要及时清理出田外，可以有效破坏病菌的生存空间，减少病菌的数量。但注意清除工作最好等到大豆收获后进行。

（4）注意排水。当遇到连阴雨天气，田间有积水时，要及时进行排水，尤其是低洼的地块，不能让田间长时间有积水，减少病害的发生和为害。

（5）喷药防治。病害发生后，结合气候条件，加强病情调查，及时药剂防治是生产上比较有效的控制措施。大豆菌核病病菌子囊盘发生期与大豆开花期的重叠盛期是大豆菌核病的防治适期。可选择喷施40%菌核净可湿性粉剂1 000倍液、50%异菌脲可湿性粉剂1 200倍液或50%多菌灵可湿性粉剂500倍液。

三、大豆霜霉病

（一）为害症状

大豆霜霉病，在气温冷凉地区发生普遍，多雨年份病情加重。叶部发病可造成叶片提早脱落或凋萎，种子霉烂，千粒重下降，发芽率降低。该病为害幼苗、叶片、豆荚及籽粒。最明显的症状是在叶背面有霉状物。成株期感病多发生在开花后期，多雨潮湿的年份发病重。

（二）发生规律

最适发病温度为20~22℃。湿度也是重要的发病条件，7—8月多雨高湿易引发病害，干旱、低湿、少露则不利病害发生。

（三）防控措施

（1）选用抗病力较强的品种。

（2）轮作。针对该菌卵孢子可在病茎、叶上残留在土壤中越冬，实行轮作，减少初侵染源。

（3）选用无病种子。

（4）种子药剂处理。播种前用种子重量0.3%的90%三乙膦酸铝或35%甲霜灵种子处理干粉剂拌种。

（5）加强田间管理。中耕时注意铲除系统侵染的病苗，减少田间侵染源。

（6）药剂防治。25%甲霜灵可湿性粉剂1.5千克/公顷兑水喷雾。

四、大豆病毒病

（一）为害症状

一般大豆病毒侵染大豆后，植株正常营养生长受到破坏，表现为叶片黄化、皱缩，植株矮小、茎枯，单株荚数减少甚至不结荚，籽粒出现褐斑，严重影响大豆的产量与品质。流行年份造成大豆减产25%左右，严重时减产95%。

（二）发生规律

大豆病毒病一般都是土壤传播，很容易在重茬田地发生。病毒主要吸附在豆类作物种子上越冬，也可在越冬豆科作物上或随病株残余组织遗留在田间越冬。播种带毒种子，出苗后即可发病，生长期主要通过蚜虫、飞虱等媒介昆虫传毒，植株间汁液接触等传播。

（三）防控措施

（1）农业防治。①种子处理。播种前严格选种，清除褐斑粒。适时播种，使大豆在蚜虫盛发期前开花。苗期拔除病苗，及时防治蚜虫，加强田间管理，培育壮苗，提高品种抗病能力。②选育推广抗病毒品种。由于大豆花叶病毒以种子传播为主，且品种间抗病能力差异较大，又由于各地花叶病毒生理小种不一，同一品种种植在不同地区其抗病性也不同，因此，应在明确该地区花叶病毒的主要生理小种基础上选育和推广抗病品种。③建立无病种子田。侵染大豆的病毒，很多是通过种子传播的，因此，种植无病毒种子是最有效的防治途径之一。建立无毒种子田要注意两点：一是种子田四周100米范围内无病毒寄主植物；二是种子田出苗后要及时清除病株，开花前再拔除一次病株，经3~4年种植即可得到无毒源种子。一级种子的种传率低于0.1%，商品种子（大田用种）种传率低于1%。④加强种子检疫管理。我国大豆分布广泛，播种季节各不相同，形成的病毒株有差异。品种交换及种子销售均可能引入非本地病毒或非本地的病毒株系，形成各种病毒或病毒株的交互感染，从而导致多病毒病流行。因此，种子生产及种子管理部门必须提供种传率低于1%的无毒种子，种子管理部门和检疫部门应严格把关。

（2）防治蚜虫。大豆病毒大多由蚜虫传播，大豆种子田用银膜覆盖或将银膜条间隔插在田间，起避蚜、驱蚜作用，田间发现蚜虫要及时用药剂防治。在迁飞前喷药效果最好，可选用50%抗蚜威可湿性粉剂2 000倍液，或2.5%溴氰菊酯乳油2 000~4 000倍液、2.5%高效氯氟氰菊酯乳油1 000~2 000倍液、2%阿维菌素乳油3 000倍液、3%啶虫脒乳油1 500倍液、10%吡虫啉可湿性粉剂2 500倍液等于叶面喷施防治。

（3）化学防治。在发病重的地区可在发病初期喷洒一些防治病毒病的药剂，以提高大豆植株的抗病性，如0.5%菇类蛋白多糖水剂300倍液，或1.5%植病灵Ⅱ号乳油1 000倍液、40%混合脂肪酸水乳剂100倍液、20%吗胍·乙酸铜可湿性粉剂500倍液、5%菌毒清水剂400倍液，或2%宁南霉素水剂100~150毫升/亩，兑水40~50千克喷雾防治，每隔10天喷1次，连喷2~3次。

五、大豆孢囊线虫病

大豆孢囊线虫病又称大豆根线虫病、萎黄线虫病。俗称火龙秧子。

（一）为害症状

在大豆整个生育期均可发生，主要是为害根部。根部染病根系不发达，侧根显著减少，细根增多，不结根瘤或稀少。地上部植株矮小、子叶和真叶变黄、花芽簇生、节间短缩，开花期延迟，不能结荚或结荚少。重病株花及嫩荚枯萎、整株叶由下向上枯黄似火烧状，严重者全株枯死。

（二）发生规律

影响大豆孢囊线虫病发病的因素以温、湿度影响最明显。大豆孢囊线虫发育最适温度为17~18℃，10℃以下和35℃以上幼虫不能发育为成虫；最适土壤湿度为60%~80%，孢囊对低温、干旱耐力强。碱性土壤最适宜线虫的生活繁殖，pH值小于5时，线虫几乎不能繁殖。通气良好的沙土和沙壤土及干旱瘠薄的土壤也适于线虫的生长发育。轮作与发病程度有密切的关系。连作大豆，线虫数量迅速增加，而种植一季非寄主作物后，线虫数量便急剧下降。

（三）防控措施

（1）选用抗病品种。不同的大豆品种对大豆孢囊线虫有不同程度的抵抗力，应用抗病品种是防治大豆孢囊线虫病最经济有效措施，目前生产上已推广有抗线虫和较耐虫品种。

（2）合理轮作。与玉米轮作，孢囊量下降30%以上，是行之有效的农业防治措施，此外要避免连作、重茬，做到合理轮作。

（3）搞好种子检疫，杜绝带线虫的种子进入无病区。

（4）药剂防治。可用含有杀虫剂的35%多·福·克大豆种衣剂拌种，然后播种。还可用200亿CFU/克苏云金杆菌HAN055可湿性粉剂1 500~2 500克/亩，在播种前施于行内，湿土效果好于干土，中性土比碱性土效果好，要求用器械施不可用手施，更不可溶于水后手沾药施。

第二节　大豆虫害

一、大豆蚜

大豆蚜是大豆的重要害虫，以成虫或若虫为害。

（一）为害症状

集中于植株顶叶、嫩叶和嫩茎，吸食大豆嫩枝叶的汁液，造成大豆茎叶卷曲皱缩，根系发育不良，分枝结荚减少。此外还可传播病毒病。

（二）发生规律

以成虫和若虫为害。6月下旬至7月中旬进入为害盛期。

（三）防控措施

1. 种子包衣

可使用48%噻虫嗪悬浮种衣剂进行种子包衣，用药量为160~180毫升/100千克种子。

2. 生育期防治

根据虫情调查，在卷叶前施药。可用20%氰戊菊酯乳油2 000倍液，在蚜虫高峰前始花期均匀喷雾，喷药量为每亩20千克，或15%唑蚜威乳油2 000倍液喷雾，喷药量每亩10千克，或15%吡虫啉可湿性粉剂2 000倍液喷雾，喷药量每亩20千克。

二、点蜂缘蝽

点蜂缘蝽又叫棒蜂缘蝽、黄星蛛缘蝽、豆蛛缘蝽、细腰缘蝽，可为害大豆、花生、芝麻、蚕豆、豇豆、豌豆、丝瓜、白菜等。

（一）为害症状

点蜂缘蝽的成虫和若虫刺吸豆类作物汁液，在豆类作物开始结实时，常导致蕾、花凋落，果荚不实或形成瘪粒。

（二）发生规律

点蜂缘蝽1年发生3代，以成虫在枯枝落叶、残留田间的秸秆和草丛中越冬，翌年4月上旬开始活动，5月中旬至7月上旬在大豆、菜豆、豇豆等豆科作物上产卵，若虫取食大豆的茎叶和豆荚的汁液。6月下旬第一代成虫开始出现，并在大豆等豆科作物上产卵为害，第二代成虫在7月下旬开始羽化，8月下旬至9月上旬盛发，此时大量在大豆田中为害，第三代于10月上旬至11月中旬羽化为成虫，并陆续进入越冬状态。点蜂缘蝽羽化后的成虫需取食大豆的花蕾和荚的汁液才能使卵正常发育及繁殖。卵多散产于叶背、嫩茎和叶柄上。雌虫每次产卵7～21粒，一生可产卵12～49粒。成虫、若虫极活泼，善于飞翔，反应敏捷，早晚温度低时反应稍迟钝。

（三）防控措施

1. 农业防治

农业防治主要是控制虫源基数。一是清除田间及周围的杂草、残枝落叶，压低越冬虫源基数。二是及时铲除田间及周围早花早实的野生杂草，避免其成为点蜂缘蝽的早春过渡寄主，减少部分虫源。

2. 生物防治

保护利用自然天敌。捕食性天敌有球腹蛛、长螳螂和蜻蜓，以及寄生性天敌黑卵蜂等对控制点蜂缘蝽的发生为害具有重要作用。

3. 化学防治

在大豆的现蕾、开花和结荚初期，用50%氟啶虫胺腈水分散粒剂10克兑水45千克/亩，茎叶均匀喷雾；或用10%的氟氯噻虫啉兑水1 500倍液均匀喷雾；种群密度大时，可考虑结合其他触杀性药剂进行防治。成虫期于早晨或傍晚害虫活动较迟钝时用药效果较好。由于点蜂缘蝽生活周期较短，1年可繁殖3代，且成虫和若虫均可为害，因此，为确保防治效果，在大豆开花盛期和鼓粒前期，可根据具体情况再喷施1～2次。

三、大豆食心虫

大豆食心虫俗称小红虫。

（一）为害症状

以幼虫蛀入豆荚咬食豆粒为主。

（二）发生规律

每年发生1代，以老熟幼虫在地下结茧越冬。翌年7月中下旬向土表移动化蛹，成虫在8月羽化，幼虫孵化后蛀入豆荚为害。7—8月降水量较大、湿度大，虫害易于发生。连作大豆田虫害较重。大豆结荚盛期如与成虫产卵盛期相吻合，受害严重。

（三）防控措施

（1）选用抗虫品种。

（2）合理轮作，秋天深翻地。

（3）药剂防治。施药关键期在成虫产卵盛期的3~5天后。可喷施阿维菌素、灭幼脲、敌百虫、氯氰菊酯、高效氯氟氰菊酯、溴氰菊酯等，在常规浓度范围内均有较好防治效果。在食心虫发蛾盛期，用80%敌敌畏乳油制成秆熏蒸，每亩用药100克，或用25%溴氰菊酯乳油，每亩用量20~30毫升，加水30~40千克喷施进行防治，效果好。

四、斜纹夜蛾

（一）为害症状

幼虫将叶食成缺刻或孔洞，严重的把叶片吃光。也为害豆类的茎和荚。

（二）发生规律

该虫在豆田多把卵产在中上部叶背面。1龄幼虫群集豆叶背面啃食，仅留上表皮，受害叶枯黄，2龄后分散，在叶背为害，

5龄后进入暴食期，食物缺乏时，可成群迁至附近田里为害。

（三）防控措施

1. 诱杀成虫

结合防治其他菜虫，可采用黑光灯或糖醋盆等诱杀成虫。

2. 药剂防治

3龄前为点片发生阶段，可结合田间管理，进行挑治，不必全田喷药。4龄后夜出活动，因此施药应在傍晚前后进行。药剂可选用20%甲氰菊酯乳油3 000倍液、5.7%氟氯氰菊酯乳油4 000倍液、10%吡虫啉可湿性粉剂2 500倍液、5%氯氰菊酯乳油2 000倍液、5%啶虫隆乳油2 000倍液、20%虫酰肼胶悬剂2 000倍液、4.5%高效氯氰菊酯乳油3 000倍液等，10天喷1次，连用2~3次。

五、草地螟

（一）为害特征

初孵幼虫取食叶肉，残留表皮，长大后可将叶片吃成缺刻或仅留叶脉，使叶片呈网状。大暴发时，也为害花和幼荚。

（二）发生规律

一般春季低温多雨不易发生，如在越冬代成虫羽化盛期气温较常年高，则有利于发生。孕卵期间如遇环境湿度干燥，又不能吸食到适当水分，产卵量减少或不产卵。

（三）防控措施

（1）应及时清除田间杂草，可消灭部分虫源，秋耕或冬耕还可消灭部分在土壤中越冬的老熟幼虫。

（2）在幼虫为害期喷洒50%辛硫磷乳油1 500倍液或2.5%高效氟氯氰菊酯乳油2 000倍液。

六、蛴螬

（一）为害症状

蛴螬以幼虫为害为主，幼虫取食地下部分，包括根部、茎的地下部分以及萌动的种子，可以咬断茎根，断口整齐平截，吃光种子，造成幼苗死亡或种子不能萌发，以致形成缺苗断垄。成虫可取食叶片，严重时也可以将叶片吃光。

（二）发生规律

蛴螬生活史较长，在我国完成一代的时间一般为 1～2 年。以幼虫和成虫越冬。蛴螬有假死和趋光性，并对未腐熟的粪肥有趋性。白天藏在土中，16：00—17：00 进行取食等活动。蛴螬始终在地下活动，与土壤温湿度关系密切。当 10 厘米土温达 5℃时开始上升土表，13～18℃ 时活动较盛，23℃ 以上则往深土中移动，至秋季土温下降到其活动适宜范围时，再移向土壤上层。因此蛴螬对果园苗圃、幼苗及其他作物的为害主要是春秋两季。土壤潮湿活动加强，尤其是连续阴雨天气，春、秋季在表土层活动，夏季时多在清晨和夜间到表土层。

（三）防控措施

1. 农业防治

可在低龄幼虫发生期灌水，淹死幼虫；与水稻轮作，降低大豆田虫口密度。成虫发生盛期，在成虫喜欢取食的树木，如杨树、榆树上捕杀成虫。翻耕整地，压低越冬虫量；合理施肥，增强作物的抗虫能力。消除地边、荒坡、沟旁、田埂等荒芜状态，破坏成虫的适宜生活场所。

2. 种衣剂拌种

大豆种衣剂与种子按 1：60 比例拌匀后播种。也可用 50%辛硫磷乳油拌种，用药量为种子重量的 0.25%，拌匀后闷种 4 小时，阴干后播种。

3. 生物防治

用活孢子含量为 1×10^9 个/克的乳状菌粉，用量为每亩 200 克，播前与基肥同时施用，或苗后苗眼施用，施后应及时覆土。

4. 化学防治

可在 7 月中下旬每亩用 5% 辛硫磷颗粒剂 2.5 千克，加细土 15 千克，配成毒土或颗粒顺垄撒于大豆基部，结合中耕锄地，使药剂进入土中。在成虫发生盛期用 50% 马拉硫磷乳油 1 000 倍液，喷洒豆田旁的杨树、榆树，地下害虫地上治，这样防治效果很显著。

在苗期也可采用药剂灌根：苗后幼虫为害大豆地块，可选用 90% 敌百虫原药，或 80% 敌敌畏乳油稀释 1 000 倍液灌根。

第七章　蔬菜重大病虫害防控技术

第一节　蔬菜病害

一、白粉病

（一）为害症状

该病主要为害菜薹、芥菜、甘蓝、花椰菜等。主要在叶片、茎、花器上产生白粉状霉层，即分生孢子梗和分生孢子。初为近圆形放射状粉斑，后布满各部，发病轻的病变不明显；发病重的造成叶片褪绿黄化早枯。随病情发展，叶两面布满病斑，至叶片逐渐褪绿黄化，最后萎蔫枯死。

（二）发生规律

北方主要以闭囊壳随病残体越冬，成为翌年初侵染源。分生孢子借气流传播，孢子萌发后产出侵染丝直接侵入寄主表皮，菌丝体匍匐于寄主叶面不断伸长蔓延，迅速流行。南方全年种植十字花科蔬菜地区，则以菌丝或分生孢子在十字花科蔬菜上辗转为害。一般干旱少雨年份或棚内温暖干燥，植株生长衰弱，或偏施氮肥的地块发病重。

（三）防控措施

（1）收获后，彻底清除病残落叶，集中妥善处理，减少菌源。

（2）施足有机底肥，适当增加磷、钾肥，生长期加强田间水肥管理，增强植株的抗病力。

（3）发病初期进行药剂防治，可选择喷洒 15%三唑酮可湿性粉剂、20%三唑酮乳油 2 000~2 500 倍液、30%固体石硫合剂150 倍液、40%多·硫悬浮剂 600 倍液、2%嘧啶核苷类抗菌素水剂或 2%武夷菌素（BO-10）水剂 150~200 倍液，隔 7~10 天喷1 次，防治 2~3 次。

二、轮纹病

（一）为害症状

苗期、成株期均可发病，多发生在夏秋露地或棚室。初发病时叶上现褐色小点，多呈水渍状，四周组织稍褪绿，有的变黄，后逐渐扩展成不规则形或近椭圆形褐斑，上生同心轮纹，四周具黄晕，后期病斑上长出黑色小粒点，即病原菌的分生孢子器。

（二）发生规律

病菌以分生孢子器随病残体留在土壤中越冬，种子也可带菌。条件适宜时从分生孢子器中释放出分生孢子，通过风雨或灌溉水传播，从气孔或伤口侵入，进行初侵染和多次再侵染，温度18~25℃，相对湿度高于 85%易发病。生产上施氮肥过多、栽植过密、湿气滞留发病重。

（三）防控措施

（1）实行 2~3 年轮作。收获后清洁田园以减少菌源。

（2）播种前种子用 52℃温水浸种 20 分钟或用种子重量0.3%的 50%异菌脲或 70%甲基硫菌灵可湿性粉剂拌种。

（3）采用配方施肥技术，注意增施磷、钾肥。合理密植，雨后及时排水，防止湿气滞留。

（4）发病初期喷洒 20%唑菌酯悬浮剂 900 倍液、25%戊唑醇可湿性粉剂2 000倍液、70%代森联水分散粒剂600倍液或50%异菌脲可湿性粉剂800倍液。

三、病毒病

（一）为害症状

该病主要为害莴苣、生菜等多种蔬菜。在全生育期均可发生，前期发病对产量影响较大。苗期发病，多在长出4片真叶后显症。在叶上出现浅绿或黄白色花叶或斑驳，叶片皱缩歪扭。有时还出现明脉，严重时出现不规则灰色至褐色坏死病斑。成株发病，植株明显矮化，叶片不规则扭卷，严重时细脉变褐，叶面出现许多褐色坏死斑点，植株似缺水状，结球松散或不结球。

（二）发生规律

此病毒源主要来自邻近田间带毒的莴苣、菠菜等，种子也可直接带毒。种子带毒，苗期即可发病，田间主要通过蚜虫传播，汁液接触摩擦也可传染。桃蚜传毒率最高，萝卜蚜、瓜蚜、大戟长管蚜也可传毒。病害发生和发展与天气直接相关，高温干旱发病较重，一般平均气温18℃以上和长时间缺水，病害发展迅速，病情也较重。

（三）防控措施

（1）选用抗病耐热品种，一般散叶型品种较结球品种抗病。

（2）夏秋种植，采用遮阳网或无纺布覆盖栽培技术。露地种植采用与甜玉米或菜豆间作，改善田间小气候，预防发病。注意适期播种，出苗后勤浇小水，勿过分蹲苗。

（3）及时防治蚜虫，减少传播，控制病害发生。发病初期可喷洒20%吗胍·乙酸铜可湿性粉剂500倍液，或喷施复合叶面肥，抑制发病，增强寄主抗病力。

四、缩叶病

(一) 为害症状

全生育期均可发病。幼株发病对生产影响大,主要发生在幼株上,先在幼嫩叶片、叶柄、茎蔓上产生不定形的小斑点,然后扩展成大小不一的坏死斑,黄褐色或红褐色,后期在病斑表面产生灰白色粉霉状物,即病原菌的分生孢子梗和分生孢子。发病严重的幼芽扭曲,嫩蔓黄萎,叶片卷曲。

(二) 发生规律

在田间,病菌先侵染侧根,再侵染到肉质根。土壤偏碱发病重。

(三) 防控措施

(1) 进行4~6年轮作。多施绿肥或生物有机肥,施入土壤添加剂有抑制发病的作用。

(2) 选用抗病品种。

(3) 严格控制病菌,防止传入未发病田,在 pH 值为 5.0~5.2 时病害受抑制,向土壤中施入硫化物可减少发病。

五、叶枯病

(一) 为害症状

叶枯病又称斑枯病、晚疫病。症状包括以下两种。一种是老叶先发病,后传染到新叶上。叶上病斑多散生,大小不等,直径 0.3~1.0 厘米,初为淡褐色油渍状小斑点,后逐渐扩大,中部呈褐色坏死,中间散生少量小黑点。另一种开始不易与前者区别,后中央呈黄白色或灰白色,边缘聚生很多黑色小粒点,病斑外常具一圈黄色晕环,病斑直径不等。叶柄或茎部染病,病斑褐色,长圆形稍凹陷,中部散生黑色小点。

（二）发生规律

该病为壳针孢属病菌侵染引起的真菌性病害。菌丝体在种皮内或病残体上越冬。播种带菌种子，出苗后即染病，产生分生孢子在育苗畦内传播蔓延。病残体上越冬的病原菌，在适宜的温湿度条件下，借风雨传播。孢子经气孔或穿透表皮侵入，经 8 天潜育期，病部又产生分生孢子进行再侵染。在冷凉和高湿条件下易发生，气温 20~25℃，湿度大时发病重。连阴雨或白天干燥，夜间有雾或露水及温度过高过低，植株衰弱时发病重。

（三）防控措施

（1）选用无病种子，对种子进行消毒，用 50℃温水浸 10~15 分钟，边浸边搅拌，然后移入冷水中冷却。

（2）保护地栽培要注意降温排湿，昼温控制在 15~20℃，高于 20℃要及时放风，夜温控制在 10~15℃，缩小昼夜温差，减少结露，切忌大水漫灌。

六、软腐病

（一）为害症状

该病主要为害白菜、甘蓝、花椰菜等十字花科蔬菜。该病从莲座期到包心期均易发病，尤以包心期发病较重。初发病时病株在烈日下表现萎蔫，早晚恢复。随着病情发展，病株整株萎蔫，早晚不能恢复并脱帮，叶球外露，稍摇动即全株倒地。病部由叶基向根茎发展，使茎部腐烂，腐烂的组织呈黏滑软腐状。有的发生心腐，从茎基部向上发生腐烂。在干燥的条件下，腐烂的病叶经日晒逐渐失水变干，呈薄纸状，紧贴叶球。腐烂处均产生硫化氢恶臭味，为本病重要特征，别于黑腐病。

（二）发生规律

病菌主要在病株或土壤堆肥中的病残体上越冬。通过雨水、灌溉水、带菌肥料、昆虫传播，由自然裂口和虫伤口等侵入，重复侵染。病菌生长发育温度为 2~40℃，最适温度为 25~30℃，致死温度为 50℃。生长后期高温多雨、病虫及人为造成的伤口多或花球内长时间积水，病害发生较重。地势低洼、积水、管理粗放，或前茬作物残体未彻底清除就整地种植，病害发生严重。

（三）防控措施

（1）高畦栽培，畦面龟背形，避免积水。

（2）加强肥水管理，注意采用充分腐熟的粪肥作基肥，如天气比较干燥则用清水肥浇灌，浇灌时只灌畦面不接触心叶，忌大水漫灌，只能小水开沟浸灌。

（3）间种葱蒜韭菜等作物。

（4）彻底防治传病害虫，特别是加强对菜蛾、菜粉蝶、黄条跳甲的防治，治虫工作做得好的菜区，病害少。

（5）药剂预防：可用 6%寡糖·链蛋白可湿性粉剂 75~100克/亩或 20%噻森铜悬浮剂 120~200 毫升/亩，隔 7~10 天喷 1 次，共喷 2~3 次，可兼治病毒病、枯萎病等，还可使用 5%大蒜素微乳剂 60~80 克/亩、2%春雷霉素可湿性粉剂 100~150 克/亩。

七、立枯病

（一）为害症状

该病为幼苗病害，主要为害叶菜类、番茄、茄子、辣椒、黄瓜、豆类等多种蔬菜幼苗。立枯病多发生在育苗的中后期，刚出土的幼苗亦可发病。受害幼苗基部产生椭圆形暗褐色病斑，并有轮纹，病苗茎基变褐，后病部收缩，茎叶萎垂枯死。湿度大时可看到淡褐色蛛丝状霉，但不显著。稍大的幼苗白天萎蔫，夜间恢复，病斑逐渐凹陷，病斑逐渐扩大后可绕茎一周，甚至木质部外露，最后病部收缩干枯，叶片萎蔫，不能恢复原状，幼苗干枯死亡，但不呈猝倒状。病部不长白色棉絮状霉。

（二）发生规律

立枯病菌以菌丝体或菌核在土壤中或病组织上越冬，腐生性较强，一般在土壤中可存活 2~3 年。在适宜的环境条件下，病菌从伤口或表皮直接侵入幼茎、根部而引起发病。此外还可通过雨水、灌溉水、农具以及带菌的堆肥传播为害。

（三）防控措施

（1）选择地势高、干燥的地块育苗。

（2）30%噁霉灵水剂 2 000~2 500 倍液苗床喷雾，或用 35%甲霜·福美双可湿性粉剂 150~200 克/亩拌苗床土。生长期发病时，用 30%甲霜·噁霉灵水剂 500~800 倍液喷雾。

八、白斑病

（一）为害症状

该病主要为害白菜、甘蓝、花椰菜、萝卜等多种蔬菜。发病初期在叶片上散生灰白色圆形病斑，后扩大成浅灰色圆形至近圆形斑，病斑周缘有时有晕环。叶背病斑周缘多不明显，随病情发展病斑两面呈现不明显轮纹。空气潮湿时，病斑背面产生灰白色绒状霉层，即病菌的分生孢子梗和分生孢子。病情严重时，多个病斑连接成片，终致叶片枯死，病斑一般不穿孔。叶柄染病，多形成近椭圆形斑，灰白至灰褐色，边缘模糊，呈放射状，病斑表面色泽不均，凹凸不平，湿度大时病部呈水渍状坏死腐烂。

（二）发生规律

病菌主要以菌丝随病残体组织越冬。翌年条件适宜时产生分生孢子通过浇水或降雨飞溅形成初侵染，发病后产生分生孢子借风雨传播进行多次再侵染。病菌对温度要求不严格，5~28℃下均可发病，以 11~23℃较适宜。旬均温 23℃左右，相对湿度高于

62%，降水量达 16 毫米以上，雨后 12~16 天即开始发病。生长期低温多雨或在梅雨季后，发病普遍。此外，一般土壤黏重、地势低洼、种植期正逢雨季或与十字花科蔬菜连作，发病严重。

（三）防控措施

（1）平整土地，重病区实行与非白菜类蔬菜 2~3 年轮作。

（2）避开雨季适期栽种，增施底肥，生长期加强管理，避免田间积水。

（3）发病初期进行药剂防治，可选用 50%多菌灵可湿性粉剂 600~800 倍液，或 40%氟硅唑乳油 6 000~8 000 倍液，或 70%甲基硫菌灵 500~600 倍液，或 80%代森锰锌可湿性粉剂 500~600 倍液，或 40%多·硫悬浮剂 500~600 倍液，或 2%春雷霉素水剂 600~800 倍液喷雾，10~15 天防治 1 次，根据病情防治 1~3 次。

九、黑斑病

（一）为害症状

可为害白菜、甘蓝、花椰菜、芥菜、萝卜等。主要为害叶片和叶柄。叶片染病，多从外叶开始，初生近圆形褪绿斑，后逐渐扩大成灰褐色圆斑，有明显的同心轮纹，病斑周围有时有黄色晕环。在高温高湿条件下病部穿孔，发病严重时，病斑汇合成大的斑块，致半叶或整叶枯死，病斑上着生黑色霉状物。茎和叶柄上病斑呈纵条形，其上产生黑色霉状物。

（二）发生规律

病菌主要以菌丝体及分生孢子在病残体上、土壤中以及种子表面越冬，翌年产生孢子从气孔或直接穿透表皮侵入。南方以分生孢子在十字花科蔬菜上辗转侵害，周年均可发生，无明显越冬期。分生孢子借风雨传播，萌发产生芽管，从寄主气孔或表皮直接侵入。环境条件适宜时，病斑上能产生大量的分生孢子进行重复侵染，扩大蔓延为害。发病适宜温度 11.8~19.2℃，相对湿度 72%~85%，多雨高湿及温度偏低发病早而重。

（三）防控措施

（1）选用适合的抗病品种；与非十字花科蔬菜轮作 2~3 年；施足基肥，增施磷、钾肥，提高菜株抗病力。

（2）在发病前或发病初期，每亩可选用 68.75% 噁酮·锰锌水分散粒剂 45~75 克，或 10% 苯醚甲环唑水分散粒剂 35~50 克，或 43% 戊唑醇悬浮剂 15~18 毫升，或 2% 嘧啶核苷类抗菌素水剂 200 倍液，均匀喷雾，隔 7~10 天防治 1 次，连续防治 2~3 次。

十、根肿病

（一）为害症状

该病主要为害白菜、甘蓝、花椰菜等。只为害植株根部，幼苗或成株期均可受害。病株根部肿大呈瘤状，其形状大小受着生部位影响较大，主根上的瘤多靠近上部，球形或近球形，侧根上的瘤多呈圆筒形，手指状；须根上的瘤数目可多达 20 余个，并串生在一起。病株生长迟缓，叶色变淡，在晴天中午凋萎下垂，早晚恢复，后期外叶发黄枯萎，有时全株枯死。发病后期，病瘤龟裂、粗糙，易被软腐细菌等侵染，造成组织腐烂或崩溃，散发臭气，致整株死亡。

（二）发生规律

病菌以休眠孢子囊在土壤中或黏附在种子上越冬，并可在土中存活 10~15 年。孢子囊借雨、灌溉水、害虫及农事操作等传播，萌发产生游动孢子侵入寄主，10 天左右根部长出肿瘤。病菌在 9~30℃均可发育，适温为 23℃。适宜相对湿度 50%~98%。适宜 pH 值为 6.2，pH 值大于 7.2 发病少。一般低洼及水改旱田后或氧化钙（CaO）不足发病重。

（三）防控措施

（1）与非十字花科蔬菜实行3年以上轮作，避免在低洼积水地或酸性土壤中种植白菜；采用无病土育苗或播前用福尔马林消毒苗床；改良定植田的土壤，结合整地在酸性土壤中每亩施消石灰60~100千克，进行表土浅翻，定植前在畦面或定植穴内浇2%石灰水，减少根肿病发生，或发病初期用15%石灰乳灌根，每株0.3~0.5升，也可以减轻为害。加强栽培管理，在白菜生长期适时浇水追肥，中耕除草，提高植株抗病能力。

（2）在发病初期拔除病株，在病穴四周撒石灰，或用50%氟啶胺悬浮剂每亩267~333毫升，兑水60~100升均匀喷雾于土壤表面。

第二节　蔬菜虫害

一、小菜蛾

（一）为害症状

小菜蛾属鳞翅目菜蛾科，主要为害甘蓝、芥菜、花椰菜、白菜、油菜、萝卜等十字花科植物。以幼虫啃食蔬菜叶片，初龄幼虫仅取食叶肉，留下表皮，在菜叶上形成一个个透明的斑，俗称"开天窗"；3~4龄幼虫可将菜叶食成孔洞和缺刻，严重时全叶被吃成网状，重则仅剩叶脉，影响植株生长发育和包心，造成减产。虫粪污染球茎，降低商品价值。在苗期常集中心叶为害，影响包心。在留种株上，为害嫩茎、幼荚和籽粒。为害白菜时，可导致软腐病的发生。

（二）发生规律

幼虫很活泼，遇惊扰即扭动、倒退或翻滚落下。幼虫、蛹、成虫各种虫态均可越冬、越夏，无滞育现象。全年发生为害明显呈两次高峰，第一次在5月中旬至6月下旬；第二次在8月下旬至10月下旬（正值十字花科蔬菜大面积栽培季节）。一般年份秋害重于春害。小菜蛾的发育适温为20~30℃，在两个盛发期内完成1代约需20天。

全国各地普遍发生，1年发生4~19代不等。在北方4~5代，长江流域9~14代，华南17代，台湾18~19代。在北方以蛹在残株落叶、杂草丛中越冬；在南方终年可见各虫态，无越冬现象。全年内为害盛期因地区不同而不同，东北、华北地区以5—6月和8—9月为害严重，且春季重于秋季。在新疆则7—8月为害最重。在南方3—6月和8—11月是发生盛期，而且秋季重于春季。成虫昼伏夜出，白天多隐藏在植株丛内，日落后开始活动。有趋光性，19:00—23:00是扑灯的高峰期。成虫羽化后很快即能交配，交配的雌蛾当晚即产卵。雌虫寿命较长，产卵历期也长，尤其越冬代成虫产卵期可长于下一代幼虫期。因此，世代重叠严重。每头雌虫平均产卵200余粒，多的可达600粒。卵散产，偶尔3~5粒产在一起。此虫喜干旱条件，潮湿多雨对其发育不利。此外若十字花科蔬菜栽培面积大、连续种植，或管理粗放都有利于此虫发生。在适宜条件下，卵期3~11天，幼虫期12~27天，蛹期8~14天。

（三）防控措施

（1）农业防治。合理布局，尽量避免十字花科蔬菜连作，夏季停种过渡寄主，均可减轻为害。收获后及时清洁田园可减少虫源。

（2）物理防治。采用性诱剂诱杀，每个诱芯含人工合成性诱剂，用铁丝穿吊在诱蛾水盆上方，盆中加入适量洗衣粉，每盆距离100米。也可用高压汞灯诱杀成虫。

（3）生物防治。可选用16 000国际单位/毫克苏云金杆菌可湿性粉剂800~1 000倍液喷雾防治。

（4）药剂防治。药剂防治必须掌握在幼虫3龄前。该虫极易产生抗性，应该用不同类型的药剂交替使用。可供选择的药剂有：10%三氟甲吡醚乳油1 500~2 000倍液、2.5%阿维·氟铃脲乳油2 000~3 000倍液、5%氟啶脲乳油1 500~2 000倍液、5%多杀霉素悬浮剂3 000~4 000倍液、0.3%印楝素乳油800~1 000倍液、25%丁醚脲乳油800~1 000倍液、5%氯虫苯甲酰胺悬浮剂2 000~3 000倍液、2%甲维·印楝素乳油2 500~3 000倍液、15%茚虫威乳油3 000~3 500倍液、22%氰氟虫腙悬浮剂1 500~2 000倍液、2%苦参碱水剂2 500~3 000倍液。

二、斑潜蝇类

（一）为害症状

为害叶菜类蔬菜的斑潜蝇主要有美洲斑潜蝇和南美斑潜蝇，寄主植物达110余种，其中，以葫芦科、茄科和豆科植物受害最重。成虫吸取植株叶片汁液；卵产于植物叶片叶肉中；初孵幼虫潜食叶肉，主要取食栅栏组织，并形成隧道，隧道端部略膨大；老龄幼虫咬破隧道的上表皮爬出隧道外化蛹。主要随寄主植物的叶片、茎蔓的调运而传播。

（二）发生规律

南方1年可发生14~17代。世代周期随温度变化而变化。15℃时约54天；20℃时约16天；30℃时约12天。成虫具有趋光、趋绿和趋化的特性，对黄色趋性更强。有一定的飞翔能力。斑潜蝇都以幼虫和成虫为害叶片，美洲斑潜蝇以幼虫取食叶片正面叶肉，形成先细后宽的蛇形弯曲或蛇形盘绕虫道，其内有交替排列整齐的黑色虫粪，老虫道后期呈棕色的干斑块区，一般1虫

1道，1头老熟幼虫1天可潜食3厘米左右。南美斑潜蝇的幼虫主要取食背面叶肉，多从主脉基部开始为害，形成弯曲较宽（1.5~2.0毫米）的虫道，虫道沿叶脉伸展，但不受叶脉限制，若干虫道连成一片形成取食斑，后期变枯黄。两种斑潜蝇成虫为害基本相似，在叶片正面取食和产卵，刺伤叶片细胞，形成针尖大小的近圆形刺伤孔，初期呈浅绿色，后变白，肉眼可见。幼虫和成虫的为害可导致幼苗全株死亡，造成缺苗断垄；成株受害，可加速叶片脱落，引起果实日灼，造成减产。幼虫和成虫通过取食还可传播病害，特别是传播某些病毒病，降低叶菜类蔬菜食用价值。

（三）防控措施

（1）植物检疫。美洲斑潜蝇在国内分布虽广，但仍存在保护区。美洲斑潜蝇的卵、幼虫能随寄主叶片作远距离传播，因此要加强虫情监测和进行严格的检疫，特别应重视在蔬菜集中产区、南菜北运基地、瓜菜调运集散地、花卉产地等地实施严格检疫，防止该虫蔓延为害。

（2）农业防治。

摘除虫叶：当虫量极少时，捏杀叶内活动的幼虫，或结合栽培管理，人工摘除呈白纸状的被害叶。化蛹高峰（50%）后1~2天内收集清除叶面及地面上的蛹，集中销毁。

培育无虫苗：在育苗或定植前，每公顷用硫黄粉22.5千克、80%敌敌畏乳油7.5千克、锯末90千克，将其混合后，分多处点燃，熏杀棚室内虫源。通风口用20~25目尼龙纱网罩住，并应深翻土壤，埋掉土面上的蛹粒，使之不能羽化。幼苗定植前的苗床要集中施药防虫。

清洁田园：蔬菜收获后，及时彻底清除棚室内有虫的残枝落叶及田园和周边杂草，并作为高温堆肥的材料或销毁、深埋。

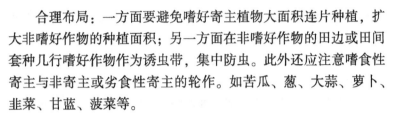

合理布局：一方面要避免嗜好寄主植物大面积连片种植，扩大非嗜好作物的种植面积；另一方面在非嗜好作物的田边或田间套种几行嗜好作物作为诱虫带，集中防虫。此外还应注意嗜食性寄主与非寄主或劣食性寄主的轮作。如苦瓜、葱、大蒜、萝卜、韭菜、甘蓝、菠菜等。

（3）物理防治。

低温冷冻：在冬季11月以后到育苗之前，将棚室敞开，或昼夜大通风，使棚室在低温环境中自然冷冻7～10天，可消灭越冬虫源。

高温闷棚：夏季高温期，在上茬作物收获完后，先不清除残株，将棚室全部密闭，昼夜闷棚7～10天，棚室内温度在晴天白天可达60℃以上，可杀死大量虫源，之后再清除棚内残株。

黄板诱杀：利用斑潜蝇的趋黄性，制作20厘米×30厘米的黄板，涂抹机油或黏虫液，在棚室内每隔2～3米挂一块，保持黄板的悬挂高度始终在作物顶上20～30厘米处，并定期涂机油保持黄板黏性。也可用灭蝇纸条诱杀成虫。

（4）生物防治。斑潜蝇天敌达17种，其中以幼虫期寄生蜂效果最佳。此外还有捕食性天敌可取食斑潜蝇的幼虫和卵。因此应适当控制施药次数，选择对天敌无伤害或杀伤性小的药剂，保护寄生蜂的种群数量，这是控制斑潜蝇最经济有效的措施。

（5）药剂防治。

烟剂熏杀成虫：在棚室虫量发生数量大时，用10%敌敌畏烟剂熏杀，7天左右防治1次，连续用2～3次。

叶面喷雾杀幼虫：要掌握好羽化高峰期进行喷药，时间宜在8:00—11:00，在1～2龄幼虫盛发期（即虫道长度在2.2厘米以下时），顺着植株从上往下喷，以防成虫逃逸。尤其要注意叶片正面的着药和药液的均匀分布（若是南美斑潜蝇则需对叶片正反两面进行喷雾，而蚜虫、白粉虱则应从下往上喷叶片背面）。每隔7天左右喷药1次，连续喷药2~3次。

三、蚜虫

（一）为害症状

蚜虫主要为害白菜、萝卜、芥蓝、菜薹、抱子甘蓝、羽衣甘蓝等十字花科蔬菜。蚜虫群集在叶片背面和嫩茎上，以刺吸式口器吸食植物汁液，使叶片变黄、卷曲，严重影响叶片光合作用，致使叶片提早干枯死亡。植株不能正常抽薹、开花、结实。蚜虫为害时，排出大量水分和蜜露，滴落在下部叶片上，引起煤污病发生，使叶片生理机能受到阻碍，减少干物质的积累。由于迁飞扩散寻找寄主植物时要反复转移采食，所以可传播许多种植物病毒。

（二）发生规律

蚜虫可进行孤雌生殖，各地1年发生代数不同，1年发生25~30代，以9—11月为害蔬菜最严重。冬天常见成虫和若虫继续取食和繁殖，每头雌蚜一生可胎生幼蚜50~85头。若虫、成虫集中在十字花科蔬菜幼苗上及菜株嫩叶、嫩茎和近地面的叶片背面刺吸汁液，使叶片略向背面皱缩变黄，受害严重时则整株叶片枯萎，甚至塌地。尤以叶上多毛、少蜡质的蔬菜如萝卜、白菜等受害较重。当被害蔬菜衰老、生长不良时，产生有翅胎生蚜，借风力迁移传播，转株为害。在夏、秋季节，常与桃蚜在蔬菜上混合发生，它们都是白菜花叶病的传播媒介。蚜虫生长最适宜温度为15~26℃，适宜相对湿度在70%以上。

（三）防控措施

（1）农业防治。根据保护地蔬菜品种布局，优先选用适合当地市场需求的丰产、优质、抗虫和耐虫品种。合理安排茬口，避免连作，实行轮作和间作。清除田间杂物和杂草，及时摘除蔬菜作物老叶和被害叶片。对已收获的瓜果蔬菜或因虫毁苗的作物残体要尽早清理，集中堆积后喷药灭杀，或者集中烧毁，减少虫源。育苗时要把苗床和生产温室分开，育苗前先彻底消毒，幼苗上有虫时在定植前要清理干净。

（2）物理防治。

黄板诱杀：利用蚜虫的趋黄性，在大棚内挂黄板诱杀，可以用废纸盒或纸箱剪成 30 厘米×40 厘米大小，漆成黄色，晾干后涂上机油与少量黄油调成的油膏挂在大棚内，下边距作物顶部 10 厘米，每 100 米大棚挂 8 块左右，每隔 7~10 天涂 1 次机油。

银灰膜避蚜：蚜虫对不同颜色的趋性差异很大，银灰色对传毒蚜虫有较好的忌避作用。可在棚内悬挂银灰色塑料条，也可用银灰色地膜覆盖蔬菜防治蚜虫，可在蔬菜播种后搭架覆盖银灰色塑料薄膜，覆盖 18 天左右揭膜，避蚜效果可达 80% 以上，可减少用药 1~2 次，同时早春或晚秋覆膜还起到增温保温作用。

安装防虫网：保护地的放风口、通风口可用 40~50 目的防虫网阻隔蚜虫迁入。

（3）生物防治。充分利用和保护天敌消灭蚜虫。蚜虫的天敌种类有很多，主要有捕食性和寄生性两类。捕食性天敌主要有瓢虫、食蚜蝇、草蛉、小花蝽等；寄生性天敌有蚜茧蜂、蚜小蜂等，还有微生物类的蚜霉菌等。因此，在生产中对它们应注意保护并加以利用，使蚜虫的种群控制在不足以造成为害的数量之内。

（4）化学防治。

洗衣粉灭蚜：洗衣粉的主要成分是十二烷基苯磺酸钠，对蚜虫有较强的触杀作用，用 400~500 倍液喷 2 次，防治效果在 95% 以上。若将洗衣粉、尿素、水按 0.2：0.1：100 的比例搅拌混合，喷洒受害植株，可获到灭虫施肥一举两得的效果。

烟草石灰水溶液灭蚜：用烟叶 0.5 千克，生石灰 0.5 千克，肥皂少许，加水 30 千克，浸泡 48 小时过滤，取液喷洒，效果显著。

熏蒸灭蚜：选在傍晚棚温 25℃ 以上时，闭棚熏蒸。保护地可用 22% 敌敌畏烟剂，每公顷 7 500 克密闭熏烟，农药残留少。也可选用 80% 敌敌畏乳油配 2.5% 溴氰菊酯乳油，每公顷分别用 3 750 毫升和 300 毫升。

喷雾防治：为提高防效，隔 7 天左右喷 1 次，连续防治 2～3 次，不同药剂轮换使用。发生盛期每 5～7 天防治 1 次，连续数次，完全控制虫口密度为止。施药时间以 6：00—7：00 为宜。因为此时温度较低，蚜虫活动不太频繁。施药时应注意着重喷洒叶片背面、嫩茎等部位，从上至下逐步喷洒，可使用高效低毒的药剂如氰戊菊酯、溴氰菊酯、高效氟氯氰菊酯、氰戊菊酯·马拉硫磷、氰戊菊酯·辛硫磷、抗蚜威、吡虫啉等。

四、烟粉虱

（一）为害症状

烟粉虱属同翅目粉虱科，俗称小白蛾，为害多种蔬菜如番茄、黄瓜、西葫芦、茄子、豆类、十字花科蔬菜以及果树、花卉、棉花等作物，还能寄生于多种杂草上。以成虫、若虫刺吸植株汁液为害，造成植株长势衰弱，产量和品质下降，甚至整株死亡，并可传播 30 种植物上的 70 多种病毒病，还分泌蜜露，造成严重的煤污病，使蔬菜失去商品价值。

（二）发生规律

烟粉虱对不同的植物表现出不同的为害状，叶菜类如甘蓝、花椰菜受害叶片萎缩、黄化、枯萎；根菜类如萝卜受害表现为颜色白化、无味、重量减轻；果菜类如番茄受害，果实成熟不均匀。烟粉虱有多种生物型。据在棉花、大豆等作物上的调查，烟粉虱在寄主植株上的分布有逐渐由中下部向上部转移的趋势，成虫主要集中在下部，从下到上，卵及1~2龄若虫的数量逐渐增多，3~4龄若虫及蛹壳的数量逐渐减少。

（三）防控措施

（1）农业防治。烟粉虱喜欢取食叶片背面绒毛较为丰富的作物，如大豆、棉花、瓜类等，而不喜食叶片光滑、无毛的植物，如芹菜、生菜、韭菜等。因此，可在虫源田附近栽培烟粉虱不喜食的蔬菜品种，从越冬环节、扩散环节等切断烟粉虱的自然生活史。大棚内避免黄瓜、番茄、西葫芦混栽，提倡与芹菜、葱、蒜接茬，做到在栽培农艺上控虫。

种植前和收获后要清除田间杂草及残枝落叶（并做好棚室的熏杀残虫工作）；及时整枝打杈，摘除有虫的老叶、黄叶，加以销毁。

苗床与生产地（大棚、温室）要分开；对培育的或引进的秧苗要严格检查，防止有虫苗进入生产地。

（2）物理防治。利用烟粉虱对黄色有强烈趋性的特点，在棚室内设置黄板诱杀成虫（每亩放置30厘米×20厘米黄色板8~10块）。于烟粉虱发生初期（尤其在大棚揭膜前），将黄板涂上机油黏剂（一般7天重涂1次），均匀悬挂在作物上方，黄板底部与植株顶端相平或略高些。利用烟粉虱对银灰色有驱避性的特点，可用银灰色驱虫网作门帘，防止秋季烟粉虱进入大棚和春季迁出大棚。

（3）生物防治。丽蚜小蜂是烟粉虱的有效天敌，许多国家通过释放该蜂，并配合使用高效、低毒、对天敌较安全的杀虫剂，有效地控制烟粉虱的大发生。在我国推荐使用方法如下：在保护地番茄或黄瓜上，作物定植后，即挂诱虫黄板监测，发现烟粉虱成虫后，每天调查植株叶片，当平均每株有粉虱成虫0.5头左右时，即可第一次放蜂，每隔7~10天放蜂1次，连续放3~5次，放蜂量以蜂虫比为3∶1为宜。放蜂的保护地要求白天温度能达到20~35℃，夜间温度不低于15℃，具有充足的光照。可以在蜂处于蛹期时（也称黑蛹）释放，也可以在蜂羽化后直接释放成虫。如放黑蛹，只要将蜂卡剪成小块置于植株上即可。

（4）化学防治。作物定植后，应定期检查，当虫口较高时（黄瓜上部叶片每叶50~60头成虫，番茄上部叶片每叶5~10头成虫作为防治指标），要及时进行药剂防治。每亩可用75克/升阿维菌素·双丙环虫酯可分散液剂10~30毫升、40%噻嗪酮悬浮剂20~25毫升、40%螺虫乙酯悬浮剂12~18毫升、50%噻虫胺水分散粒剂6~8克等。此外，在密闭的大棚内可用敌敌畏等熏蒸剂按推荐剂量杀虫。

第八章 果树重大病虫害防控技术

第一节 果树病害

一、梨树火疫病

(一) 为害症状

梨树火疫病主要为害梨树新梢、枝干、叶、花及果实。梨树叶片受到火疫病为害后，先从叶缘开始变成黑色，后沿叶脉扩展，导致全叶变黑，凋萎。梨树的花受到火疫病为害后，呈萎蔫状，深褐色向下蔓延至花柄，至花柄也呈水浸状。花朵被害后通过花梗扩展到同一花簇的其他花朵和周围叶片上，使花和叶片变深褐色，枯萎。梨果实受到火疫病为害后，初生水浸状斑，后变暗褐色，并渗出黄色黏液，致病果变黑而干枯。梨树枝干受到火疫病为害后，初为水浸状，边缘明显，呈溃疡状，最后由褐变黑。嫩梢被害，初呈水渍状，后变为褐色至黑色，常向下弯曲，病枝上的叶片凋萎，幼果僵化，但病叶、病果不脱落，远望似火烧状。

(二) 发生规律

梨树火疫病以细菌在枝干溃疡病疤组织或挂在树上的病果以及一些昆虫体内越冬。第二年早春病菌主要在上年的溃疡处迅速繁殖，遇到潮湿、温和的天气，从病部渗出大量乳白色黏稠状的细菌分泌物，即为当年的初侵染源，通过昆虫、雨滴、风、鸟类以及农事活动将病菌传给健株。病菌可以通过伤口、自然孔口（气孔、蜜腺、水孔）、花侵入寄主组织导致发病，再产生新的菌源进行再侵染。有一定损伤的花、叶、幼果和茂盛的嫩枝最易感病。雨水是病害短距离传播的主要因子，其次是风。远距离传播主要是通过感病寄主繁殖材料，包括种苗、接穗、砧木、病果、被污染的运输工具、候鸟及气流等。病菌在空气中可存活 1 年，土壤中可存活 4 个月。

（三）防控措施

（1）严格检验。有关检疫规定，应严格限制自疫区引进寄主植物种苗，引进后需经隔离观察，来自疫区的水果、植株、带菌昆虫也应严格检验。带病植物有时不表现症状，因而不能仅仅依靠苗木、接穗的检验，应禁止从疫区引入仁果类果树苗木。

（2）我国的豆梨和花盖梨近免疫，尤其能抵抗病菌对根部和茎部的侵害，可以用作砧木。同时避免在低洼易涝地种植。

（3）在秋末冬初集中烧毁病残体，细致修剪，及时剪除病梢、病花、病叶。为保证彻底除害，应将距病组织 50 厘米长的健枝部位一同剪去烧毁，并用封固剂封住伤口。芽前刮除发病树皮，生长季节隔 7 天检查 1 次，各种发病新梢和组织，发现后及时剪除。对因各种农事操作造成的伤口都要进行涂药保护。

（4）及时喷药防治各种媒介昆虫，同时喷洒杀菌剂，特别要注意风雨后及时喷药。

（5）在梨树火疫病发病前可选择喷洒 1∶2∶200 倍式波尔多液、1 000 万单位新植霉素 3 000 倍液、14% 络氨铜水剂 350 倍液、47% 春雷霉素可湿性粉剂 700 倍液，隔 10~15 天喷 1 次，连续防治 3~4 次。

二、柑橘黄龙病

柑橘黄龙病为检疫性病害，可为害柑、橘、橙、柠檬和柚类。尤其以椪柑、柳城蜜橘、福橘、大红柑等品种最易感病，发病后衰退快。金柑类耐病力较强。

（一）为害症状

柑橘黄龙病为全株感病，感病不受树龄大小的限制。主要症状表现在枝梢和果实上。发病时，最初的症状表现在叶片上。发病叶有3种黄化类型，即均匀黄化、斑驳黄化和缺素状黄化。均匀黄化表现在幼年树和初期结果树春梢发病，新梢病症为全株新叶均匀黄化，夏、秋梢发病则是新梢叶片在转绿过程出现黄化。成年树，常在夏、秋梢上发病，树冠上少数枝条的新梢叶片黄化。斑驳黄化和缺素状黄化表现在一些病株中有的老叶叶片基部、叶脉附近或边缘开始褪绿黄化，并逐渐扩大成黄绿相间的斑驳状黄化。黄化枝上再发的新梢，表现为缺素状黄化。果实感病时表现为果小、畸形（圆柱形）。近成熟时着色不匀，表现为果顶绿色、果蒂红色的半红半绿果，通称"红鼻子果"。果实有怪味。

（二）发生规律

5月下旬开始发病，8—9月份最严重。春、夏季多雨，秋季干旱，发病重。施肥不足，果园地势低洼，排水不良，树冠郁闭，发病重。幼龄树较老龄树抗病，4~8年生树发病重。

（三）防控措施

柑橘黄龙病为检疫性病害，目前还没有十分有效的清除或控制其病情发展的人工合成药物。因此在柑橘黄龙病防治方面，主要采取以下措施。

（1）种植无病毒苗木：在新区、疫区种植经脱毒处理的无病毒苗木。

（2）挖除发病植株：发现有柑橘黄龙病病症的植株，及时挖除。应首先在发病植株上喷化学农药把柑橘木虱杀死，然后再挖病树。

（3）防治柑橘木虱：柑橘木虱是传播柑橘黄龙病的唯一昆虫。在柑橘生长季节及冬季清园时，都应加入防治柑橘木虱的内容。

三、苹果树腐烂病

俗称烂皮病，是我国北方苹果树的重要病害。

（一）为害症状

腐烂病主要为害主干、主枝，也可为害侧枝、辅养枝及小枝，严重时还可侵害果实。主要症状特点为：受害部位皮层腐烂，腐烂皮层有酒糟味，后期病斑表面散生小黑点（病菌子座），潮湿条件下小黑点上可冒出黄色丝状物（孢子角）。在枝干上，根据病斑发生特点分为溃疡型和枝枯型两种类型病斑。果实受害，多为果枝发病后扩展到果实上所致。病斑红褐色，圆形或不规则形，常有同心轮纹，边缘清晰，病组织软烂，略有酒糟味。后期，病斑上也可产生小黑点及冒出黄丝，但比较少见。

（二）发生规律

腐烂病病菌以菌丝体、分生孢子器和子囊壳在田间病株和病残体上越冬。发病周期开始于夏季，7月为病菌侵入时期，此时苹果树上定殖的病菌从树皮新生成的落皮层侵入形成表面溃疡；晚秋初冬果树休眠期进入发病盛期，冬季继续向树体深层扩展；第二年早春气温上升发病激增，扩展加快，晚春苹果树生长旺盛，病菌活动停滞，一个发病过程结束。一年有春季和秋季两个发病高峰期。春季高峰病斑扩展迅速，病组织较软，病斑典型，为害严重，常造成死枝、死树。秋季高峰相对春季高峰较小，但该期是病菌侵染落皮层的重要时期。

（三）防控措施

（1）加强栽培管理。增施有机肥料，及时灌水。瘠薄地可采取围绕树盘挖坑改土、控制留果量、注意排水等措施，以增强树势。及时有效地防治叶斑病、红蜘蛛等造成早期落叶的病虫害。

（2）清除菌源。及时刮除病皮，剪除病枝、死枝。剪病枝及刮病皮时，地面铺塑料膜收集，然后集中在园外销毁。剪锯下的大枝不要码放在果园内，不要用病枝做支棍或架篱笆，以免病菌传播。

（3）喷铲除剂。早春发芽前应全树喷布 3~5 波美度石硫合剂铲除表面黏附及潜伏于表层的病菌。

（4）刮治病斑。早春和晚秋及时刮除腐烂树皮，然后涂杀菌剂消灭残余病菌。可用 5% 菌毒清水剂 20~50 倍液、4% 的 843 康复剂水剂等。

（5）桥接。过大病斑会影响上下养分的运输，可于春季选 1 年生壮枝作为接穗，在病斑上下边缘，进行多枝桥接，绑紧即可。

四、桃流胶病

（一）为害症状

桃流胶病是桃树上难治的一种病害，分为侵染性和非侵染性流胶病，侵染性流胶主要为害枝干和果实，非侵染性流胶主要为害主干和主枝分杈处、小枝条和果实。诱发该病的因素十分复杂，有霜害、冻害、病虫害、土壤黏重、管理粗放、结果过多、枝干生长不充实等原因引起树体生理失调而导致桃树流胶。流胶病在春、秋季发生最重。

在树皮或皮裂口处流出淡黄色柔软透明的树脂，树脂凝结后渐变为红褐色，病部稍肿胀，其皮层和木质部变褐腐朽。病株树势衰弱，叶色黄而细小，发病严重时枝干枯死，甚至整株死亡。

（二）发生规律

桃树流胶病在 4—10 月都可能发生，5—9 月为害重。在早春，树液流动旺盛即气温 15℃ 左右时，病部即可溢出胶液，树体流胶点增多，病情逐渐严重。1 年中有两次发病高峰，分别在 5 月下旬至 6 月下旬和 8 月上旬至 9 月中旬入冬以后流胶停止。

（三）防控措施

（1）加强管理。增强树势、增施有机肥，改良土壤，合理修剪，减少枝干伤口。清除被害枝梢，防治蛀食枝干的害虫，预防虫伤，枝干涂白，预防冻害和日灼伤。

（2）药剂防治。①防治时间：根据流胶病在春、秋发生最重的特点，即春（4—5 月）、秋（9—10 月）为防治的关键时期。②药剂种类：43% 代森锰锌悬浮剂 30~60 倍液。③防治步骤：先刮除流胶部位病组织，再用棉签或牙刷将 43% 代森锰锌稀释液涂抹于伤口处，一般为春、秋季各涂抹 2~3 次，连防 1~2 年病部可痊愈。

五、葡萄炭疽病

（一）为害症状

主要为害着色或近成熟的果粒，造成果粒腐烂。也可为害幼果、叶片、叶柄、果柄、穗轴和卷须等。着色后的果粒发病，初在果面产生针头大小的淡褐色斑点，其后病斑逐渐扩大成深褐色凹陷的圆形病斑，其上产生呈轮纹状排列的小黑点，天气潮湿时，溢出粉红色黏液。发病严重时，病斑可以扩展到半个或整个果面，果粒软腐，易脱落，病果酸而苦，或逐渐干缩成为僵果。果柄、穗轴发病产生暗褐色、长圆形的凹陷病斑，可使果粒干枯脱落。

（二）发生规律

葡萄炭疽病要求高温高湿条件，果实着色期就在高温季节，因此雨水就是制约因子。多雨的地区，排水不良、地下水位高、杂草丛生的果园，发病更加严重。品种间抗病性差异极大。一般果皮薄发病严重；早熟品种可避病，而晚熟品种往往发病严重。

（三）防控措施

花前、谢花后、幼果期、果实膨大期，转色初期喷药保护，生长季节根据气候及发病状况。常用药剂有25%丙环唑乳油4 000～5 000倍液、25%咪鲜胺乳油500～800倍液、80%炭疽福美可湿性粉剂500～600倍液、50%福美双可湿性粉剂600倍液、10%苯醚甲环唑水分散粒剂1 500～2 000倍液、68.75%噁酮·锰锌水分散粒剂1 200～1 500倍液、52.5%噁酮·霜脲氰水分散粒剂2 000倍液、53.8%氢氧化铜2 000干悬浮剂1 000倍液、80%代森锰锌可湿性粉剂800倍液、75%百菌清可湿性粉剂600倍液等。

第二节　果树虫害

一、苹果蠹蛾

（一）为害症状

苹果蠹蛾主要为害苹果和梨，此外还可为害桃、杏、樱桃等植物。苹果蠹蛾主要以幼虫蛀食果实为害，初孵幼虫自果实表面蛀入取食果肉，3龄幼虫进入种室取食种子，发育成熟后向果实表面蛀食脱果。果实表面蛀孔随虫龄增加不断增大，外部常有大量褐色虫粪堆积。幼虫有转果为害习性，一个幼虫可为害 2 ~ 4 个果实。被苹果蠹蛾蛀食的果实往往脱落，为害严重时造成大量落果。

（二）发生规律

苹果蠹蛾在新疆 1 年发生 2 ~ 3 代。以老熟幼虫在树皮裂缝、分枝处和各种包装材料上结茧越冬。

（三）防控措施

（1）严格检疫。禁止调入未经检疫的寄主水果及相关植物产品，加强水果市场、集散地检疫检查，对携带疫情的果品和废弃果实集中进行深埋处理。

（2）药剂防治。在防治适期每年进行 2 次施药，防治虫卵和初孵幼虫。此外，成虫发生期在果园挂诱捕器诱杀。

（3）物理防治。4 月下旬至 9 月下旬，用杀虫灯捕杀成虫，每 25 ~ 30 亩放置一盏杀虫灯。

（4）农业防治。及时清除果园中的虫果、地面落果和废弃杂物等，冬季刮除果树枝干的粗皮、翘皮等清理幼虫越冬场所；在秋季老龄幼虫脱果之前用粗麻布等绑缚树干诱集当年越冬幼虫，冬季时取下集中销毁灭杀幼虫。

二、梨小食心虫

简称"梨小"。属鳞翅目小卷叶蛾科。

（一）为害症状

主要为害梨、桃、苹果，在桃和梨混栽的梨园受害较重。前期为害桃、杏、李的嫩梢，多从新梢顶部第二、第三片叶的叶柄基部蛀入，在髓部向下蛀食，被害梢端部凋萎、下垂，受害部流出胶液。后期蛀食果实，多从梗洼或萼洼蛀入，入果孔周围变黑腐烂，呈"黑膏药"状，内有虫粪，蛀道直达果心，果形不变。

（二）发生规律

梨小食心虫在北方1年发生3～4代，以老熟幼虫在树皮缝或根茎附近地面处结茧越冬。越冬幼虫在翌年3月下旬和4月上旬化蛹，4月中下旬出现第一代成虫，产卵在桃叶背面，4月下旬至5月初幼虫孵化，从新梢嫩尖部蛀入为害，当蛀食到新梢木质部较硬的部位时，转而为害另一新梢，被害新梢顶部枯死。第一次为害新梢高峰大约在5月上中旬，第二次大约在6月中下旬，第三次在7月中下旬。第一代和第二代主要为害新梢，第三代主要为害果实。8月以后为害梨及苹果果实。9月中下旬，梨小食心虫出现越冬幼虫，结茧于树皮缝中。

（三）防控措施

建园时，尽量避免将桃树和梨树混栽，以杜绝梨小食心虫交替为害。做好清园工作。在冬季或早春刮掉树上的老皮，集中烧毁，消灭其中隐藏的越冬幼虫。秋季越冬幼虫脱果前，可在树枝、树干上绑草把，诱集越冬幼虫，于来年春季出蛰前取下草把烧毁。果园内设置黑光灯或挂糖醋罐诱杀成虫，糖醋液的比例是红糖5份、酒5份、醋20份、水80份。用性诱捕器和农药诱杀。一般每亩地挂15个性诱捕器，虫口密度高时，要先喷一遍长效杀虫剂然后再挂。在成虫高峰期及时用药，药剂可选用20%氰戊菊酯乳油10 000～20 000倍液、25克/升高效氯氟氰菊酯乳油3 000～5 000倍液等。

三、葡萄透翅蛾

（一）为害症状

葡萄透翅蛾又称透羽蛾，属鳞翅目透翅蛾科。主要为害葡萄枝蔓。幼虫蛀食新梢和老蔓，一般多从节间或叶柄基部蛀入。被害处逐渐膨大，蛀入孔有褐色虫粪，是该虫为害标志，幼虫蛀入枝蔓内后，向嫩蔓方向暴食，严重时，被害植物株上部枝叶枯死。

（二）发生规律

葡萄透翅蛾 1 年发生 1 代。以老熟幼虫在葡萄枝蔓中越冬。翌年 4—5 月越冬幼虫在被害处的内侧咬一圆形羽化孔，然后在蛹室结茧化蛹。蛹期 5~12 天，成虫羽化始期与葡萄开花期相一致。成虫多在上午羽化，经 1~2 天，在葡萄嫩茎、叶柄及叶脉处产卵。成虫寿命 6~7 天。雌虫平均产卵 40~50 粒，单粒散产，卵期 10 天左右。初孵幼虫先取食嫩叶、茎蔓，然后蛀入嫩茎中，一般多在叶柄基部和叶节处蛀入，蛀入孔处常有虫粪排出。叶柄被蛀使叶片萎蔫，节间部被害变为紫色。幼虫蛀入枝蔓，先向嫩蔓先端方向蛀食，蔓端很快枯死，然后又转移为害 1~2 次。7 月中旬后幼虫长大到 20 毫米时，便蛀入 2 年生以上的老蔓使较大枝蔓枯死。幼虫越冬前仍继续向葡萄基部老蔓或主干蛀食，可使整个枝蔓枯死或折断。10 月份以后，幼虫在被害枝蔓内越冬。

（三）防控措施

1. 物理防治

悬挂黑光灯，诱捕成虫。

2. 药剂防治

当葡萄抽卷须期和孕蕾期，可喷施 10%~20% 拟除虫菊酯类农药 1 500~2 000 倍液，收效很好；也可当主枝受害发现较迟时，在蛀孔内滴注烟头浸出液。

3. 生物防治

将新羽化的雌成虫一头，放入用窗纱制的小笼内，中间穿一根小棍，搁在盛水的面盆口上，面盆放在葡萄旁，每晚可诱到不少雄成虫。诱到一头等于诱到一双，收效很好。

四、枣尺蠖

枣尺蠖属鳞翅目尺蠖蛾科，又名枣步曲，俗名顶门吃。幼虫爬行时身体呈"弓"形匍匐前进，故称弓腰虫或步曲虫。

（一）为害症状

以幼虫为害幼芽、叶片，到后期转食花蕾，常将叶片吃成大大小小的缺刻，严重发生时可将枣树叶片食光，使枣树大幅度减产或绝产，是我国枣产区的主要害虫之一。

（二）发生规律

幼虫为害枣的嫩芽、叶片及花蕾，每年发生1代，以蛹在树冠周围10~15厘米深的土壤中越冬，翌年3月上旬羽化为成虫，交尾后产卵，雌成虫无翅，须爬到树干上产卵，经过22天左右的卵期，3月下旬至4月上旬幼虫孵化上树为害。幼虫1~3龄食量小，主要食害嫩叶，4~5龄幼虫食量大增，常将叶片吃光。幼虫经过5龄发育后，于4月下旬至5月中旬，入土化蛹越夏并越冬。

（三）防控措施

1. 农业防治

在2月下旬至3月上旬前，在树干上缠绕塑料薄膜或纸裙，阻止雌蛾上树交尾和产卵，并于每天早晨或者傍晚逐树捉蛾。由于树干缠裙，雌蛾不能上树，便多集中在裙下的树皮缝内产卵。因此，可定期检查粗树皮，刮除虫卵，或在裙下捆绑两圈草绳诱集雌蛾产卵，每过10天左右换1次草绳，将其烧毁。

2. 药物防治

可选用0.5%甲氨基阿维菌素微乳剂1 000~1 500倍液、8 000国际单位/毫克苏云金杆菌可湿性粉剂600~800倍液等均匀喷雾。

3. 生物防治

保护天敌，降低虫口密度。

五、枇杷黄毛虫

（一）为害症状

黄毛虫是枇杷主要害虫，多为害嫩叶，严重削弱树势；一代幼虫也为害果实，啃食果皮，影响外观甚至失去食用价值。幼虫白天潜伏老叶背面或树干上，早晚则爬到嫩叶表面为害，严重时新梢嫩叶全部被毁，影响树势。

（二）发生规律

枇杷黄毛虫 1 年发生 4 代，第一代为 5 月上旬至 6 月中旬；第二代为 6 月下旬至 8 月上旬；第三代为 8 月中旬至 9 月中旬；第四代为 9 月下旬至 10 月下旬。10 月以后进入越冬期。

枇杷是常绿果树，一年抽发多次新梢，每次新梢抽发都是枇杷黄毛虫的为害盛期。

（三）防控措施

可采用人工捕杀，消灭叶片主脉上和枝干凹陷越冬蛹，消灭嫩叶上幼虫。各次新梢萌生初期，发现为害应及时喷施 25 克/升高效氯氟氰菊酯乳油 1 000～2 000 倍液。果实成熟采收期，禁用任何杀虫剂。

六、柿介壳虫

介壳虫是柿树上的重要害虫，除为害柿树外，还为害其他果树、园林观赏树木和花卉植物。

（一）为害症状

介壳虫以若虫和雌成虫固着在寄生枝、干、叶的背面及叶柄和果实表面刺吸汁液，使受害枝条发芽力弱，发芽偏迟；果树营养生长变弱，达不到丰产性状；叶片干枯、畸形，影响光合作用；果实小而畸形，严重的造成落果；同时还会引发柿煤烟病，使受害柿树树势衰弱，产量大幅度降低，给果农造成严重损失。

（二）发生规律

越冬柿园介壳虫在柿树上发生 2~3 代，多数以 1~2 龄若虫在树枝或树干上越冬，少数以受精雌成虫在树枝、树干或多年生草本植物上越冬。

（三）防控措施

1. 农业防治

柿介壳虫一般为点片严重发生。农业防治措施可有效减少越冬虫源，控制柿园介壳虫的发生与为害。一是冬季清园，根据介壳虫的生长、生活习性，介壳虫的发生、为害程度与越冬虫源成正相关。冬季清园可大量清除该虫的寄主，减少越冬虫源，是柿园介壳虫综合防治技术的关键环节。可在冬季柿果采收后，结合修剪、施肥，清除柿园及周边杂草、落叶、落果，特别是多年生杂草，剪除受害枝条，连同其他废弃物集中烧毁或深埋，使越冬若虫和成虫大量减少。二是刷擦若虫，在主害代盛发期，根据介壳虫呈片发生的特性，可用人工刷擦受害枝条，减少虫口密度，控制为害。

2. 生物防治

白僵菌对介壳虫有很强的寄生作用，可在介壳虫主害代发生初期施用白僵菌，即 6 月下旬用白僵菌粉剂喷施于果树上，可有效防止介壳虫的大发生。

3. 药剂防治

根据介壳虫的生育特性，在采取农业措施无法有效控制该虫为害的情况下，应适时进行药剂防治。选择施药适期：一是 3 月上中旬越冬若虫始发期；二是雄成虫羽化期，分别为 5 月上旬、6 月中下旬及 8 月上旬；三是主害代若虫初孵期，即 6 月下旬至 7 月上旬、8 月下旬至 9 月下旬，在上述时间段内，受害率 5% 以上时用药。选择高效、低毒、低残留无公害药剂防治。如 0.3 波美度的石硫合剂、65% 噻嗪酮可湿性粉剂 800～1 000 倍液、25% 增效噻嗪酮可湿性粉剂 500～1 000 倍液，以上药剂任选 1 种喷雾，严重受害的果树 7 天后再喷 1 次。施药时应用高压喷雾器，严格控制药液浓度，药液应均匀喷布果树全部枝条和叶片背面，确保用药防治效果。

参考文献

陈勇，贾陟，徐卫红，2016. 果树规模生产与病虫害防治 [M]. 北京：中国农业科学技术出版社.

贺莉萍，禹娟红，2015. 马铃薯病虫害防控技术 [M]. 武汉：武汉大学出版社.

李巧芝，柴俊霞，2021. 大豆病虫害识别与绿色防控图谱 [M]. 郑州：河南科学技术出版社.

刘剑青，嵇道生，2016. 农作物病虫害专业化统防统治与绿色防控 [M]. 北京：中国农业科学技术出版社.

彭红，朱志刚，2017. 水稻病虫害原色图谱 [M]. 郑州：河南科学技术出版社.

王燕，闵红，2021. 玉米病虫害识别与绿色防控图谱 [M]. 郑州：河南科学技术出版社.

杨军玉，2016. 蔬菜病虫害防治彩色图鉴 [M]. 北京：金盾出版社.

杨普云，赵中华，2012. 农作物病虫害绿色防控技术指南 [M]. 北京：中国农业出版社.

张桂兰，吴剑南，王丽，2016. 主要农作物病虫害识别与防治 [M]. 郑州：中原农民出版社.